Bernhard Hammer

Jagdhunde ausbilden

Vom Grundgehorsam bis zum Training für die Nachsuche

Leopold Stocker Verlag
Graz – Stuttgart

Umschlaggestaltung: DSR Werbeagentur Rypka GmbH, 8143 Dobl, www.rypka.at
Alle Fotos für das Buch wurden dem Verlag freundlicherweise vom Autor zur Verfügung gestellt, sofern nicht direkt beim Foto anders angegeben.

Die in diesem Buch verwendeten Personenbezeichnungen beziehen sich immer gleichermaßen auf weibliche und männliche Personen. Auf eine Doppelnennung und gegenderte Bezeichnungen wird zugunsten einer besseren Lesbarkeit verzichtet.

Bibliografische Information der Deutschen Nationalbibliothek
Die Deutsche Nationalbibliothek verzeichnet diese Publikation in der Deutschen Nationalbibliographie; detaillierte bibliographische Daten sind im Internet über http://dnb.d-nb.de abrufbar.

Hinweis:
Dieses Buch wurde auf chlorfrei gebleichtem Papier gedruckt. Die zum Schutz vor Verschmutzung verwendete Einschweißfolie ist aus Polyethylen chlor- und schwefelfrei hergestellt. Diese umweltfreundliche Folie verhält sich grundwasserneutral, ist voll recyclingfähig und verbrennt in Müllverbrennungsanlagen völlig ungiftig.

Auf Wunsch senden wir Ihnen gerne kostenlos unser Verlagsverzeichnis zu:
Leopold Stocker Verlag GmbH
Hofgasse 5/Postfach 438
A-8011 Graz
Tel.: +43 (0)316/82 16 36
Fax: +43 (0)316/83 56 12
E-Mail: stocker-verlag@stocker-verlag.com
www.stocker-verlag.com

ISBN 978-3-7020-2328-7

Kein Teil dieses Buches darf in irgendeiner Weise zum Zweck des Trainings von Technologien oder Systemen der künstlichen Intelligenz verwendet oder reproduziert werden.

Layout und Repro: DSR Werbeagentur Rypka GmbH, 8143 Dobl

Fragen, Wünsche oder Anregungen? Kontaktieren Sie uns!

www.stocker-verlag.com/jagdhunde-ausbilden-feedback/

Hier finden Sie auch weitere Informationen über unser Programm und können sich für unseren Newsletter anmelden.

INHALT

VORWORT

Liebe Leserinnen und Leser dieses Buches! Uns eint das Ziel, Ihren treuen Wegbegleiter und Sie selbst zu einem fermen Gespann zu formen.

Die Grundlage für jedwede Ausbildung des Jagdhundes ist der Grundgehorsam. Die Voraussetzung dafür wird im Welpenalter gelegt. Bereits im gemeinsamen Spiel kann die Verhaltensweise des Hundes erkannt werden.

Mit zunehmender Erfahrung wird auch das Deuten des Verhaltens („Was will er mir sagen?“) möglich. Dieses Verständnis erleichtert es Ihnen, den Hund gezielt auszubilden.

Empfehlenswert ist das spielerische und motivierende Lernen. Gleichzeitig wird eine intensive Bindung aufgebaut und gestärkt.

Um Ihren Hund gezielt ausbilden zu können, ist es entscheidend, eine gemeinsame Sprache zu finden. Der Hund nimmt Sie als führende Person mit all seinen Sinnen wahr. Er analysiert Ihre Stimme, Ihre Körpersprache, Ihre Mimik und Ihren Geruch. Und er will Ihnen grundsätzlich gefallen.

Gerade im Welpenalter ist man versucht, manches durchgehen zu lassen. Bleiben Sie konsequent und behalten Sie immer die Führung. Auch im Hunderudel gibt es den Führungshund, der den Ton angibt.

Neben dem gemeinsamen Verständnis, dem Erkennen und Deuten des Verhaltens ist das konsequente Training ein weiteres Puzzleteil in der gesamten Ausbildung. Durch die intensive gemeinsame Arbeit wächst das Team und baut eine verständnisvolle Verbindung auf.

WICHTIG! Nicht resignieren!

Nicht immer wird die Ausbildung nach Ihren Vorstellungen verlaufen, denn auch Sie werden die eine oder andere Lektion im Umgang mit Ihrem Tier lernen müssen.

Seien Sie aber auch versichert, Rückschläge werden Sie in Summe vorwärts bringen! Bleiben Sie in jedem Fall gelassen und vermeiden Sie jedwedes Fehlverhalten. So werden Sie letztendlich Erfolg haben!

EINE BASIS LEGEN

Geben Sie Ihrem Hund Zeit, sich zu entwickeln. Es gibt unterschiedliche Entwicklungsstufen. Diese können sich von Hund zu Hund unterscheiden. Ist der Grundgehorsam gefestigt und funktioniert er einwandfrei, ist die Basis für die Nachsuchenarbeit gelegt. Bereits im Welpenalter werden die Grundlagen für das spätere erfolgreiche Gespann konditioniert.

Kein Hund gleicht dem anderen, so wie auch kein Mensch dem anderen gleicht. Jedes Gespann ist somit einzigartig. Durch ein gezieltes Training ist es der führenden Person möglich, den Hund zu lesen und zu deuten. Damit meine ich, dass Sie das angezeigte Verhalten ihres Hundes verstehen lernen. Das erzeugt gegenseitiges Vertrauen und ist Erfolgsgarant für jegliche Zusammenarbeit des Gespannes.

WICHTIG! **Das Ziel muss sein,**

- dass Ihr Hund mit mäßigem Tempo,
- mit tiefer Nase und
- exakt auf der Nachsuchenfährte arbeitet.

Mit dieser präzisen Arbeitsweise kann der Hund die für Sie so wichigen Verweiserpunkte anzeigen. Das ermöglicht Ihnen, das Fährtenumfeld im Blick zu behalten.

Das Wesen des Hundes

Eine weitere wichtige Ausbildungsvoraussetzung in der Nachsuchenarbeit ist die Wesensfestigkeit Ihres Hundes. Ihr Hund muss in jedem Fall über **Schussfestigkeit** und **Grundgehorsam** verfügen. Hingegen sind **weidlaute Hunde für die Nachsuchenarbeit nicht geeignet**. Die körperliche Fitness von Hund und der führenden Person runden das Anforderungsprofil eines fermen Gespannes ab.

„Bedienungsanleitung"

Das Buch wurde unter dem Gesichtspunkt **„Aus der Praxis für die Praxis"** verfasst. Die im Buch beschriebenen Trainingsschritte werden so kurz wie möglich und so ausführlich wie notwendig beschrieben. Sie sind eine Art Bedienungsanleitung, um das Training Schritt für Schritt aufzubauen und umzusetzen. Die gezeigten Bilder und Grafiken ermöglichen es Ihnen, eigene Variationen für Ihr Training vorzunehmen.

Zusätzlich stehen Ihnen auf der Website **www.online-jagdhundeschule.com** ergänzende Schulungsvideos zur Verfügung.

In diesem Sinne wünsche ich Ihnen viel Erfolg bei der Erarbeitung und Festigung der Grundlagen als Basis für die Ausbildung Ihres Hundes.

Weidmannsheil und

Ho Rüd Ho

DER Hundemacher

HINWEIS! **Wenn's allein nicht weitergeht**

Sollte sich im Training herausstellen, dass Sie an einem Punkt angelangt sind, an dem Sie nicht mehr weiterwissen, finden Sie auf S. 164–165 verschiedene Kursangebote in meiner Jagdhundeschule.

I. DER HUND – EINFÜHRUNG

ALLGEMEINES

Mit dem richtigen Grundlagenwissen legen Sie das Fundament für eine erfolgreiche Jagdhundeausbildung. Es gibt Ihnen die Sicherheit, Verhalten zu verstehen, Fortschritte bewusst zu gestalten und Ihren Hund Schritt für Schritt zum verlässlichen Jagdgefährten zu formen.

Bevor es mit der Ausbildung des Hundes losgeht, ist es wichtig, sich einige grundlegende Informationen über Hunde allgemein anzueignen. Daher erkläre ich zunächst, warum Grundgehorsam die wichtigste Voraussetzung dafür ist, um einen Jagdhund erfolgreich auszubilden. Anhand einer Grafik möchte ich anschaulich erläutern, dass ich mir den Entwicklungspfad eines Hundes im Laufe seiner Ausbildung wie eine Art „Haus des Lernens" vorstelle. Danach gehe ich kurz auf grundlegende Aspekte ein, wie Hunde lernen.

GRUNDGEHORSAM IST UNVERZICHTBAR

Der Grundgehorsam ist weit mehr als nur das Befolgen einfacher Kommandos wie „Sitz", „Platz" oder „Hier". Er ist das Fundament, auf dem jede weitere Ausbildung – sei es im Hundesport, im Alltag oder im professionellen Einsatz – aufbaut. Ohne diese solide Basis fehlt dem Hund die Orientierung, dem Menschen die Kontrolle und dem Miteinander die Harmonie.

Die Basis jeder erfolgreichen Ausbildung

Die Grundlage für Vertrauen und Kommunikation sind die im Folgenden aufgezählten Punkte:

Klare Regeln schaffen Sicherheit

Hunde sind soziale Tiere, die sich in einer klar strukturierten Umgebung wohlfühlen. Grundgehorsam vermittelt ihnen, was erlaubt ist und was nicht – das reduziert Stress und Unsicherheit.

Verlässliche Kommunikation

Ein Hund, der auf Kommandos hört, versteht, was sein Mensch von ihm möchte. Das stärkt die Bindung und macht die Zusammenarbeit effektiver.

Vertrauen durch Konsequenz

Konsequentes Training im Grundgehorsam zeigt dem Hund, dass er sich auf seinen Menschen verlassen kann – eine wichtige

Voraussetzung für jede weiterführende Ausbildung.

Alltagstauglichkeit und Sicherheit

Sicheres Verhalten in der Öffentlichkeit

Ein Hund, der zuverlässig „Sitz“ oder „Bleib“ ausführt, ist leichter zu kontrollieren – sei es an bzw. auf der Straße, im Café oder beim Tierarzt.

Vermeidung gefährlicher Situationen

Ein abrufbarer Hund lässt sich aus potenziell gefährlichen Situationen zurückrufen – etwa wenn er auf eine Straße zuläuft oder einem Wildtier hinterherjagt.

Rücksichtnahme auf andere

Nicht jeder Mensch oder Hund möchte Kontakt. Ein gehorsamer Hund lässt sich zurückhalten und respektiert Grenzen.

Bildquelle: Pixaby-Fotos

Die Basis für jede Spezialisierung

Jagdhunde & Arbeitshunde

Ob Agility, Mantrailing oder Jagdhundeausbildung – ohne Grundgehorsam ist keine Disziplin erfolgreich zu meistern. Grundgehorsam sorgt für Konzentration, Impulskontrolle und Teamarbeit.

Erweiterte Kommandos und Tricks

Komplexere Aufgaben setzen voraus, dass der Hund die Grundlagen beherrscht. Wer nicht zuverlässig auf Kommandos reagiert, wird auch keine Nachsuchenarbeit erfolgreich absolvieren.

WICHTIG! Fazit

Grundgehorsam ist kein Selbstzweck, sondern der Schlüssel zu einem entspannten, sicheren und erfüllten Zusammenleben mit dem Hund. Er ist das stabile Fundament, auf dem jede weitere Ausbildung aufbaut – wie das solide Mauerwerk eines Hauses, das erst durch ein gutes Fundament tragfähig wird. Wer sich die Zeit nimmt, diese Basis sorgfältig zu legen, wird mit einem verlässlichen, ausgeglichenen und glücklichen Hund belohnt.

WIE HUNDE LERNEN

Hunde lernen durch verschiedene Methoden, hauptsächlich durch Verknüpfungen (Assoziationen), Verallgemeinerung (Generalisierung), Hilfestellungen, spielerisch, kontextbezogen, in kleinen Schritten, durch Wiederholungen und durch Belohnung oder Tadel.

Ein entspanntes Umfeld und die Motivation des Hundes sind ebenfalls wichtige Faktoren für erfolgreiches Lernen.

Einige spezifische Aspekte des Lernens bei Hunden

Klassische und operante Konditionierung

Hunde lernen durch Assoziationen. Wenn ein bestimmtes Geräusch (z. B. ein Pfiff oder Clicker) mit Futter verknüpft wird, lernt der Hund, dass das Geräusch ein positives Ereignis ankündigt.

Soziales Lernen

Hunde lernen auch, indem sie andere Hunde oder Menschen beobachten und deren Verhalten imitieren.

Formen (Shaping)

Durch schrittweise Annäherung an das gewünschte Verhalten und Belohnung kann ein Hund neue Verhaltensweisen erlernen.

Lob & Tadel sowie positive Verstärkung

Lob oder Tadel müssen sofort nach den entsprechenden Hundeverhalten angebracht werden (innerhalb von 5 Sekunden). Zu frühes Loben oder zu später Tadel verknüpft der Hund eventuell mit falschem Verhalten. Belohnungen, wie Leckerlis oder Lob, motivieren den Hund, gewünschtes Verhalten zu wiederholen.

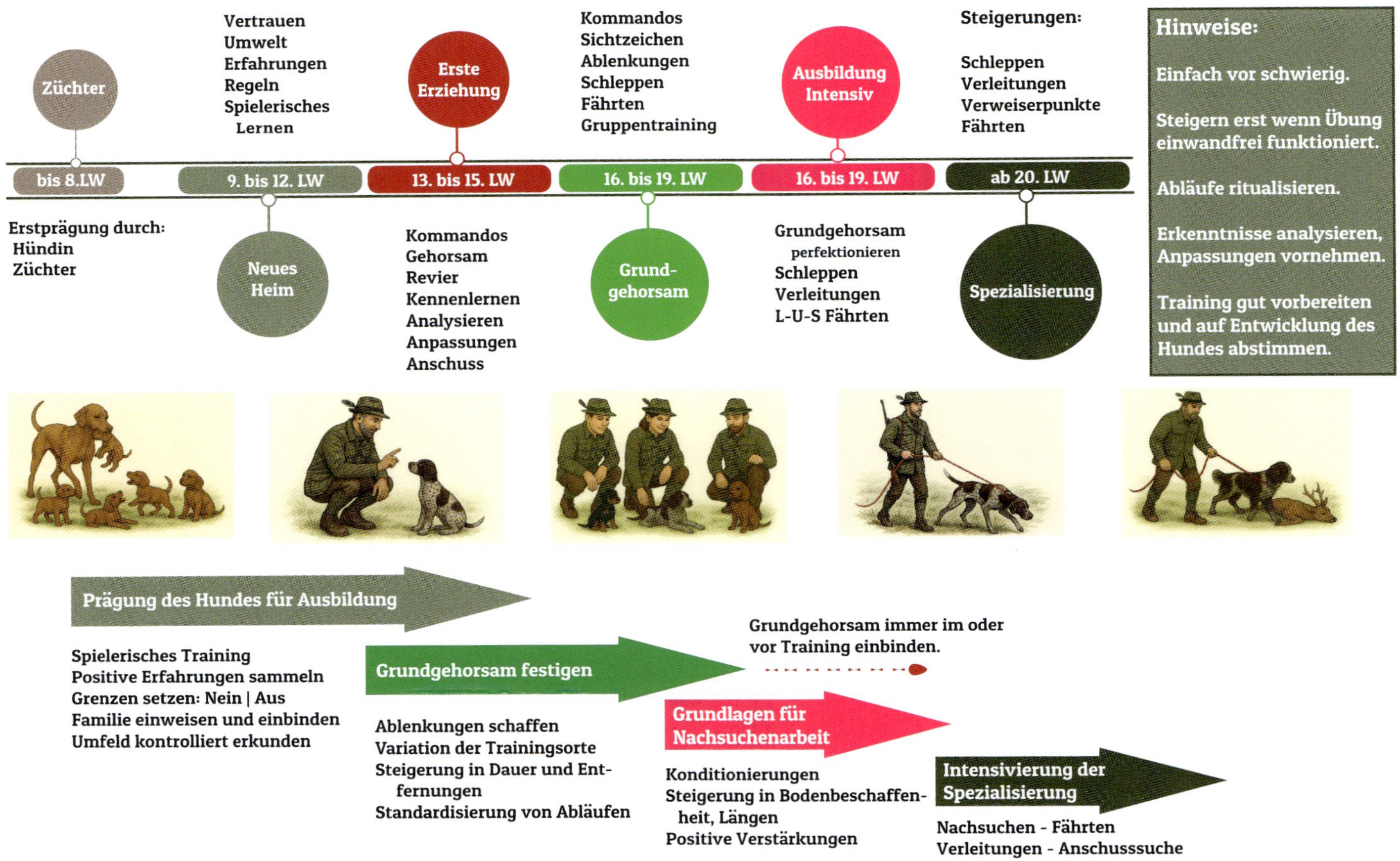
Züchter
bis 8.LW
Erstprägung durch:
Hündin
Züchter
Vertrauen
Umwelt
Erfahrungen
Regeln
Spielerisches
Lernen
9. bis 12. LW
Neues Heim
Erste Erziehung
13. bis 15. LW
Kommandos
Gehorsam
Revier
Kennenlernen
Analysieren
Anpassungen
Anschuss
Kommandos
Sichtzeichen
Ablenkungen
Schleppen
Fährten
Gruppentraining
16. bis 19. LW
Grund-gehorsam
Ausbildung Intensiv
16. bis 19. LW
Grundgehorsam
perfektionieren
Schleppen
Verleitungen
L-U-S Fährten
Steigerungen:
Schleppen
Verleitungen
Verweiserpunkte
Fährten
ab 20. LW
Spezialisierung
Hinweise:
Einfach vor schwierig.
Steigern erst wenn Übung einwandfrei funktioniert.
Abläufe ritualisieren.
Erkenntnisse analysieren, Anpassungen vornehmen.
Training gut vorbereiten und auf Entwicklung des Hundes abstimmen.
Prägung des Hundes für Ausbildung
Spielerisches Training
Positive Erfahrungen sammeln
Grenzen setzen: Nein | Aus
Familie einweisen und einbinden
Umfeld kontrolliert erkunden
Grundgehorsam festigen
Ablenkungen schaffen
Variation der Trainingsorte
Steigerung in Dauer und Entfernungen
Standardisierung von Abläufen
Grundgehorsam immer im oder vor Training einbinden.
Grundlagen für Nachsuchenarbeit
Konditionierungen
Steigerung in Bodenbeschaffenheit, Längen
Positive Verstärkungen
Intensivierung der Spezialisierung
Nachsuchen - Fährten
Verleitungen - Anschusssuche

Wiederholungen

Viele Wiederholungen sind wichtig, um das Gelernte zu festigen und zu automatisieren. Beginnen Sie mit neuen Übungen erst dann, wenn das bisher Gelernte bereits „sitzt“.

Individuelles Lerntempo

Jeder Hund lernt anders und in seinem eigenen Tempo. Es ist wichtig, die individuellen Stärken und Schwächen des Hundes zu berücksichtigen.

Motivation bzw. Ablenkung

Ein Hund **lernt** am besten, wenn er motiviert ist und sich in einem entspannten Umfeld befindet. Arbeiten Sie am Beginn mit Ihrem Hund alleine. Nutzen Sie Bereiche, wo keine anderen Hundeduftspuren vorhanden sind.

HINWEIS! **Lernen ein Leben lang**

Hunde lernen ein Leben lang, sowohl positive als auch negative Verhaltensweisen. Jedoch haben wissenschaftlich fundierte Untersuchungen ergeben, dass alles, was der Hund – seinen angeborenen Trieben folgend – bis zur **16. Lebenswoche** lernt, für immer im Gehirn abgespeichert ist. Daraus leiten wir für die Ausbildung ab: Start der Ausbildung in der **9. Woche.**

GRUNDLAGENWISSEN ZUM HUND UND ZUR AUSBILDUNG

Für die Ausbildung des Hundes ist es notwendig, über allgemeines Wissen über den vierläufigen Partner, seine Fähigkeiten und sein Verhalten zu verfügen, um die Ausbildung und das Training bestmöglich zu gestalten. In diesem Kapitel erhalten Sie das entsprechende Wissen.

Die Hundenase

Das „Riechvermögen“ des Hundes reicht bis weit unter die Erdoberfläche: etwa 4 Meter in geschlossene Schneedecken und mehr als 3 Meter in das Erdreich natürlicher Böden. Ähnlich wie bei den Augen kann die Hundenase rechts und links differenzieren. Damit können Hunde „Stereo“ riechen.

Der Hund weist um ein Vielfaches mehr an Geruchszellen als der Mensch auf. So hat der Mensch ca. 5 Millionen und sein tierischer Begleiter je nach Rasse 50- bis 60-mal so viele Geruchszellen. Der Hund verfügt über ca. 150 cm² Nasenschleimhaut, der Mensch über ca. 10 cm². Das Riechhirn ist im Vergleich zum Menschen wesentlich größer: Es umfasst 10 % des gesamten Hundehirns, das des Menschen lediglich 1 %. Die von der Nase aufgesaugten Geruchspartikel werden über die in der Nasenschleimhaut angeordneten Riechzellen an das Riechhirn weitergeleitet. Im Riechhirn werden die Daten verarbeitet.
Daher nutzen Hunde ihre Nase zur Jagd. Der gut ausgebildete Jagdhund ist geradezu prädestiniert, mit seiner hochsensiblen Nase Wild aufzuspüren und zu verfolgen. Diese Eigenschaft unserer vierbeinigen Gefährten machen wir uns in der Jagdausübung zunutze.

Trotz der unbestrittenen Nasenleistung unserer Jagdgebrauchshunde gibt es Gespanne mit einer hohen Nachsuchenerfolgsquote und solche, die diese nicht aufweisen können.

Woran kann das liegen?

Erfolgreiche Gespanne haben sich gezielt auf die Aufgabe vorbereitet und verfügen über das notwendige Grundlagenwissen. Ein gezieltes Training mit entsprechender Planung ist also unumgänglich und macht Sie als Gespann erfolgreich (siehe auch ab S. 35).

Nachfolgend ist der Aufbau der Nase eines Hundes dargestellt. Anhand dieser Illustration können Sie die Nasenanatomie kennenlernen.

Hören und Sehen

Der Hund verfügt über ein wesentlich besseres Gehör als der Mensch. Er hat auch die Fähigkeit, selektiv zu hören. Sie können das sehr leicht selbst beobachten: Wenn Sie das Sackerl mit Leckerlis öffnen und der Hund damit Belohnung verbindet, wird er in kurzer Zeit vor Ihnen stehen, um sich die Belohnung abzuholen.

Hunde haben eine Rot-Grün-Sehschwäche, sehen aber sehr gut Bewegungen. Es ist daher wichtig, Befehle mit Bewegungen zu verknüpfen, z. B. beim Heranholen des Hundes die Hände zu heben.

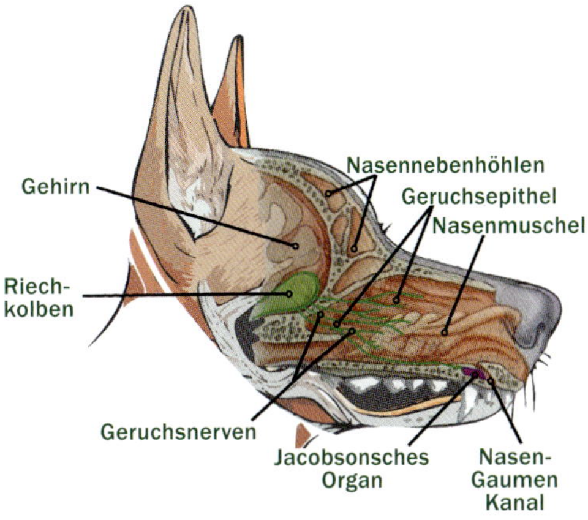

LW	Prägungsschritte	Tätigkeit
9.	Eingewöhnung | Stubenreinheit festigen	Integration in die Familie | Kennenlernen der neuen Heimat | sozialen Rahmen festlegen | Grenzen setzen
10.	erste Erziehungsschritte	Sitz | Beißhemmung | Kontakt halten | Umgebung erkunden | Halsung und Leine anlegen
11.	Umweltsicherheit	Spaziergänge im Umfeld und im Revier | erste Bekanntschaft mit der Menschenwelt | „Platz" | Abrufen
12.	erste jagdliche Frühprägung	Spielzeug (Apportel) gegen Leckerli tauschen | Wasserkontakt | Ruhe und Gelassenheit fördern | Bekanntschaft mit dem Schussknall (Luftgewehr)
13.	Nasenleistung | kurze Futterschleppe	Teamarbeit aufbauen | bereits Gewohntes und Erlerntes festigen
14.	Ruhe und Gelassenheit	Revierbesuche | Hund an die Ruhe am Sitz gewöhnen („Platz" und Ablegen) | Zeitraum steigern
15.	Schleppen	kurze Schleppen ziehen (mit Futtersocken und Wildbretstücken) | Arbeit an der Reizangel

Die Tabelle zeigt, entsprechend dem Hundealter, die verschiedenen Trainingsinhalte, das Ziel und wie der Hund motiviert werden kann.

Die Aufmerksamkeitsspanne des Hundes

Der Hund verfügt über eine eingeschränkte Aufmerksamkeitsspanne im Training. Um die Aufmerksamkeit zu halten, sind ausreichende Motivation und Belohnung entscheidend. Außerdem sollten Sie Ihrem Hund vor der Arbeit den notwendigen Auslauf gönnen, damit er sich austoben und die Umgebung kennenlernen kann.

Unabhängig von diesen Bedingungen hängt die Aufmerksamkeitsspanne stark von Alter, Rasse, Temperament und Trainingsart ab. Folgende Richtwerte können herangezogen werden:

Welpen bis ca. 5 Monate

5–10 Minuten pro Einheit. Junge Hunde ermüden geistig schnell, daher sind kurze, spielerische Einheiten ideal.

Junghunde 6-12 Monate

10–15 Minuten pro Einheit. Die Konzentration steigt, aber Überforderungen sind zu vermeiden. Es empfehlen sich mehrere kurze Einheiten über den Tag verteilt.

Erwachsene Hunde

15–30 Minuten pro Einheit. Bei komplexen Aufgaben, wie z. B. Nachsuchenarbeit oder Apportieren, kann die Aufmerksamkeit länger anhalten, wenn Pausen eingeplant werden.

Warum die Einheiten zeitlich begrenzen?

Hunde lernen am besten in kurzen, positiven Einheiten. Auch Ihr Hund hat zwischendurch Entspannung nötig. Zu lange Trainingseinheiten können zu Stress, Frustration oder Fehlern führen. Kurze „Lerneinheiten" über den Tag verteilt bringen daher bessere Lernfortschritte.

Hunger als Motivator fürs Lernen

Nein, Sie brauchen Ihren Hund nicht hungern zu lassen, es ist aber hilfreich, wenn der Hund vor dem Training kein Futter erhält. Im Training verabreichtes Futter fungiert als zusätzliche Motivation und vor allem als positive Stimulation.

Dabei ist es wichtig, dass der Hund das Futter beim Training auf der Fährte am Ende als Belohnung erhält. Dadurch verknüpft der Hund die erfolgreiche Ausarbeitung der Fährte mit dem schlussendlichen Finden der Belohnung.

Rituale erleichtern die Ausbildung

Sie kennen Rituale sicher aus Ihrem privaten Leben. So kann eine Melodie z. B. eine bestimmte Emotion hervorrufen und so an ein Ereignis erinnern.

Auch in der Arbeit mit dem Hund machen wir uns Rituale zunutze. Aneinandergereihte und immer wiederkehrende Handlungsabläufe werden für den Hund zu Ritualen, wenn Sie positive Emotionen wecken. Durch diese gezielte Aneinanderreihung von Handlungen oder Abläufen wird sich Ihr Hund vertrauensvoll darauf verlassen können, einen immer wiederkehrenden, emotional positiven Arbeitsablauf vorzufinden. Somit weiß der Hund, was ihn erwartet und er stellt sich freudig darauf ein.

Die Ritualisierung von Abläufen ist in vielen Ausbildungsphasen von Bedeutung – ich werde also in diesem Buch öfter darauf eingehen. Das Ritual „Hundebox" wird z. B. auf S. 24 beschrieben. Im weiteren Ausbildungs- und Trainingsverlauf werden immer wieder neue Rituale vorgestellt und beschrieben.

Notwendige Ausbildungsutensilien

In der Ausbildung von Hunden sind einige Hilfsmittel unerlässlich und notwendig. Achten Sie bei der Anschaffung darauf, dass es sich dabei um robuste, wetterfeste und qualitativ hochwertige Produkte in tierschutzgerechter Ausführung handelt. Bei der Halsung ist darauf zu achten, dass die Größe altersgerecht ist.

Diese Hilfsmittel werden Sie während der Ausbildung des Hundes ständig begleiten, also oftmalig von Ihnen genutzt werden. Daher ist eine gute Qualität dieser Utensilien nötig. Nichts kann störender sein, als wenn ein Hilfsmittel bzw. Utensil während des Trainings zu Bruch geht.

Die Halsung

Die Halsung muss über einen Zugstopp verfügen (Tierschutz), sollte größenanpassbar sein und entsprechend qualitativ ausgeführt. Ein Ring für das Anbringen der Leine ist ebenfalls notwendig.

Die Leine

Die Leine muss über einen Wirbelhaken verfügen und entsprechend lang (mindestens 1,5 Meter) und gut mit der Hand greifbar sein. Auch hier gibt es am Markt viele brauchbare Produkte.

Die Pfeife

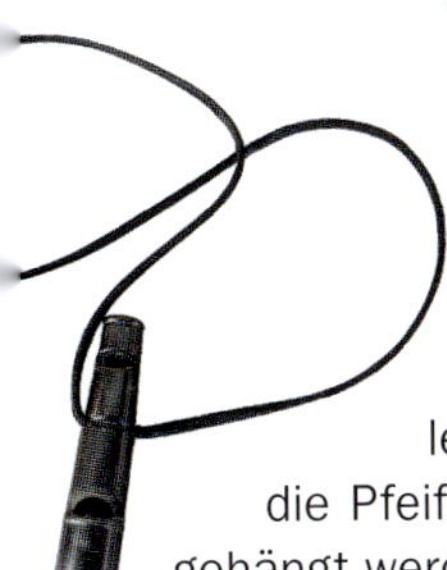

Die Pfeife muss über eine Öffnung für Einfachpfiff und eine Öffnung für Triller verfügen. Ein Umhängeband erleichtert die Handhabung, da die Pfeife ganz einfach um den Hals gehängt werden kann.

Warnband „Hund im Einsatz"

Das Warnband signalisiert, dass es sich um einen Jagdhund im Einsatz handelt. Das Warnband (als Halsung) verfügt über einen Klettverschluss. Sollte der Hund im Wald oder im Gestrüpp arbeiten, wird mit dieser Halsung verhindert, dass der Hund irgendwo hängen bleibt. Durch den Klettverschluss öffnet sich die Halsung und kann abgestreift werden.

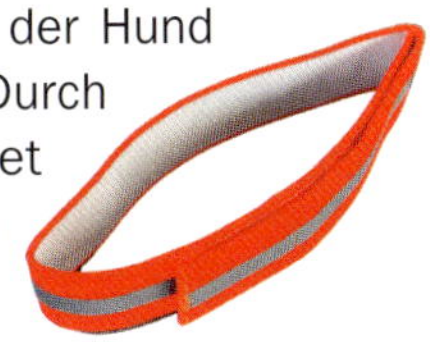

Leckerli-Tasche

Die Leckerli-Tasche dient zur einfachen Aufbewahrung der Belohnungen. Sie sollte leicht zu öffnen und mit einem Klipp oder mit Schlaufen am Gürtel zu befestigen sein.

Von der Theorie zur Praxis

Über all das soeben beschriebene grundlegende theoretische Wissen zu den Fähigkeiten und Besonderheiten von Hunden, zum Thema, wie Hunde lernen sowie über notwendige Utensilien, die Sie benötigen, sollten Sie unbedingt Bescheid wissen, bevor Sie beginnen, einen Hund auszubilden. In den nächsten Kapiteln werden die theoretischen Grundlagen in die Praxis umgesetzt.

Die praktische Ausbildung des Hundes beginnt bereits mit der Prägung – daher möchte ich Ihnen vorab erläutern, wie Welpen geprägt werden, denn von der Prägung hängt der Erfolg der Ausbildung zu einem bedeutenden Teil mit ab. Deshalb befassen wir uns in den folgenden Kapiteln ausführlich mit den verschiedenen Prägungsphasen des Hundes.

II. DIE GRUNDPRÄGUNG DES HUNDES

Foto: Irmtraud Weishaupt

PRÄGUNG DURCH DIE HÜNDIN

Welpen sind bis einschließlich zur 8. Lebenswoche bei der Hündin und lernen grundlegende soziale Regeln im Rudel. Wichtige Reize wie Geräusche, Gerüche und Berührungen werden erstmals wahrgenommen. Sie entwickeln erste motorische Fähigkeiten und beginnen, ihre Umgebung zu erkunden.

Die Welpen versuchen, Verhaltensweisen der Hündin nachzuahmen und werden von dieser auch zurechtgewiesen. Im Spiel mit den anderen Welpen werden bereits erste Rangordnungen festgelegt.

Foto: Irmtraud Weishaupt

PRÄGUNG DURCH DEN ZÜCHTER

Bereits im Welpenalter ist unter Bedachtnahme, den Hund nicht zu überfordern, mit der Konditionierung zu beginnen. Qualitätszüchter konditionieren die Welpen bereits während der ersten acht Wochen.

Der Züchter wird in dieser Zeit diese Prägung unterstützen, so kann er z. B. das Kommen zur Futterschüssel (mit Pfiff) initialisieren und einen wohldosierten ersten Kontakt mit Wilddecken oder Läufen ermöglichen. In Begleitung der Hündin werden gemeinsame Spaziergänge absolviert und kontrolliert die Umgebung erkundet. Gemeinsame Autofahrten mit der Hündin gewöhnen die Welpen an das Auto und die Hundebox.

Wenn möglich, sollten Sie den Züchter und seinen Wurf öfters besuchen. Beobachten Sie bei dieser Gelegenheit das Verhalten der Hündin im Umgang mit den Welpen. Sie werden erkennen, dass die Welpen das Verhalten der Hündin nachahmen – auch ohne sprachliche Kommunikation. Wenn es der Hündin zu viel wird, wird sie auch ab und an die Welpen mit einem klaren und eindeutigen Knurren zurechtweisen. Sie können sehen: Dem Welpen ist absolut klar, wer das Sagen hat – die Hündin.

Damit Sie Ihren Hund verstehen lernen, sollten Sie bereits zu diesem Zeitpunkt das Verhalten beobachten und analysieren. Daraus können Sie mit der Fortdauer Ihrer Beziehung zu Ihrem Hund diesen auch besser deuten lernen.

Hinterfragen Sie beim Züchter:

- Welche Prägungen weist der Hund bereits auf?
- Worauf und wie wurde er bereits konditioniert?

Dieses Wissen wird in der weiteren Ausbildung hilfreich sein.

III. DIE PRÄGUNG IM NEUEN HEIM

AUSBILDUNGSSCHRITTE IM ÜBERBLICK

Die Prägung im neuen Heim

Bereich / Alter	9. Lebenswoche	10. Lebenswoche	11. Lebenswoche	12. Lebenswoche
		Sozialisierung:		
Führende Person	Vertrauen aufbauen	Halsung anlegen | spielerisches Kennenlernen	kontrollierte Spaziergänge | Gehen an der Leine	Verhalten des Hundes analysieren
Familie	Verhaltensregeln	spielerisches Kennenlernen	Gleichschaltung in der Ausbildung | einheitliche Kommandos und Vorgaben	geregelter Wechsel zwischen Spiel | Ausbildung | Ruhezeiten
Zuhause	Schlafplatz – Rückzugsort | Füttern | Stubenreinheit	Ort für das „Lösen und Nässen" definieren	Grenzen setzen | Beißhemmung	klare Verhaltensregeln festlegen
Umwelt	Umfeld kennenlernen	Erweiterung um Revier und soziales Umfeld | Autofahrten	einkaufen | Auto | Revier erkunden – abgestimmt auf die geführte Rasse	Bekanntschaft mit Wasser | Bringwild
Artgenossen		kontrolliertes Kennenlernen	Erweiterung der Kontakte	gemeinsames Üben | Ablenkungen schaffen
Menschen		kontrollierte Kontakterweiterung	Erweiterung der Kontakte	
		Grundgehorsam:		
Bei-Fuß-Gehen	spielerisches Lernen	spielerisches Lernen	Anlegen der Leine | Gehen an der Leine	Leinenführigkeit ausbauen
Sitz		Kommando „Sitz" mit Leckerli üben	„Sitz" in verschiedensten Situationen üben	„Sitz" auf erstes Kommando, Sichtzeichen konditionieren
Platz		Kommando „Platz" am Liegeplatz	„Platz" an verschiedenen Örtlichkeiten üben	„Platz" auf erstes Kommando | Sichtzeichen konditionieren
Abrufen		verstecken und spielerisch suchen lassen	Abrufen an der Leine, aus dem Sitz	Kommando „Hier" üben, kontrolliertes Abrufen

Bereich / Alter	9. Lebenswoche	10. Lebenswoche	11. Lebenswoche	12. Lebenswoche
Konditionierung				Bekanntschaft mit „Schussknall" – Luftgewehr
		Nachsuche:		
Anschuss				
Schleppen				Futterschleppe
Fährten				
Verleitungen				
Spezialisierung				
Dokumentation				

In der obigen Tabelle finden sich empfohlenen Ausbildungsschritte im Laufe der 9. bis 12. Lebenswoche. Teilweise werden diese Schritte auf den folgenden Seiten beschrieben, teilweise folgen nähere Erläuterungen zu einzelnen Ausbildungsschritten im nächsten Kapitel.

Natürlich obliegt es Ihnen, diese empfohlenen Ausbildungsschritte zu adaptieren und an Ihren Hund anzupassen. Wie bei Menschen sind auch bei jedem Hund die Entwicklungsschritte unterschiedlich.

Es versteht sich von selbst, dass diese Schritte einen immer wiederkehrenden Trainingsprozess bedeuten. Überfordern Sie Ihren kleinen Liebling nicht. Bezüglich Trainingsintensität empfiehlt es sich, kurze Einheiten (ca. 10–15 Minuten) zu absolvieren und diese zwei- bis dreimal pro Tag zu wiederholen.

Ihr Hund ist keine Maschine und darf auch mal einen schlechten Tag haben. Für die positive Motivation verwenden Sie Leckerlis, die Sie von den Essensrationen abziehen.

ERSTE ERZIEHUNG: 9. BIS 12. LEBENSWOCHE

Der Welpe zieht nach der Abholung vom Züchter in das neue Heim ein. Verbringen Sie gerade in der Anfangszeit so viel Zeit wie möglich mit Ihrem Hund. Sie starten mit der Erziehung des Hundes ab dem Eintreffen im neuen Heim.

Vertrauen aufbauen

Versuchen Sie mit großem Einfühlungsvermögen, den Hund in seine neue Umgebung einzuführen. Denn jetzt ist die entscheidende Zeit für die Prägung auf Menschen: Wichtig ist, dass der Welpe positive Erfahrungen mit verschiedenen Personen macht, z. B. sanfte Berührungen, Fütterung aus der Hand ... Vermeiden Sie auf jeden Fall allzu schnelle und unbedachte Bewegungen.

Bauen Sie Vertrauen zu Ihrem Hund auf. Der Hund lernt Sie in Ihrem Verhalten kennen und kann darauf vertrauen, dass Sie die festgelegten Regeln einhalten. Gemeinsame Zeit mit Ihrem Hund stärkt die Bindung Hund-Mensch.

Wichtig sind vertrauensvolle Sozialkontakte mit Familienmitgliedern, aber auch mit Menschen außerhalb der Familie. Erste Begegnungen mit Umweltreizen (Autos, andere Tiere, verschiedene Untergründe) sind ebenfalls wichtig. Lassen Sie Ihren Hund ruhig Kontakt mit anderen Hunden aufnehmen. Beachten Sie aber, dass das Kennenlernen **nicht unbeaufsichtigt stattfindet.** Speziell in der Anfangsphase sind unkontrollierte Situationen zu vermeiden.

In dieser ersten Zeit braucht der Welpe noch viele Ruhephasen. Gönnen Sie Ihrem Welpen diese.

Den Welpen beobachten und verstehen

Damit Sie ihren Hund verstehen lernen, müssen Sie das Verhalten beobachten und analysieren. Aus dem Verhalten lernen Sie zu erkennen, im optimalen Fall auch vorherzusagen, was als Nächstes passieren wird. So können Sie ihn im Laufe der Zeit auch deuten lernen. Einige Beispiele dazu:

- Wann muss Ihr Welpe zum „Gassi gehen“ geführt werden?
- Wann braucht der Hund Erholung?
- Wie kann der Hund motiviert werden?

Das richtige Deuten des Verhaltens ist für Sie in der weiteren Ausbildung von immenser Bedeutung.

Haus- und Verhaltensordnung und Grundgehorsam

Bereits von Anfang an sind Regeln festzulegen. Es empfiehlt sich, mit allen Familienmitgliedern eine gemeinsame „**Haus- und Verhaltensordnung**“ im Umgang mit dem Welpen zu vereinbaren.

Sie können z. B. mit Ihrem Liebling ausgiebig spielen. Zeigt der Welpe ein nicht gewolltes Verhalten, brechen Sie das Spiel ab. Damit signalisieren Sie eindeutig: So will ich das nicht.

Mit klaren und eindeutigen Handlungen bauen Sie eine Vertrauensbasis mit Ihrem Hund auf. Der Hund muss Ihr Verhalten eindeutig verstehen lernen und kann darauf vertrauen, dass Sie die festgelegten Regeln einhalten. Die folgenden Verhaltensregeln sind verlässlich und dauerhaft von allen Familienmitgliedern einzuhalten!

WICHTIG! Beispiele für Verhaltensregeln

- Welche Sprachbefehle werden verwendet?
- Was darf der Hund?
- Wo darf der Hund sein „Geschäft“ verrichten?
- Darf der Hund auf die Couch?
- Wo hat der Hund seinen Ruheplatz?
- Wo, wann und wie wird der Hund gefüttert?
- Wie werden die Tagesabläufe geplant?
- Grundkommandos wie „Sitz“, „Platz“ oder „Hier“ können spielerisch eingeführt werden.

Ihre Reaktion auf das Hundeverhalten

Reaktionen auf das Hundeverhalten in der Ausbildung haben innerhalb einer Zeitspanne von **fünf Sekunden** zu erfolgen. In dieser kurzen verfügbaren Zeitspanne verknüpft der Hund Ihre Reaktion mit seinem Verhalten.

Das bedeutet für Sie, Ihre Reaktionsgeschwindigkeit dahingehend anzupassen. Lässt der Hund durch eine Unmutsäußerung von Ihnen vom unerwünschten Verhalten ab, müssen Sie sofort in die positive Signalgebung wechseln. Damit können Sie das Verhalten lenken und leiten. Die Verhaltensweisen (der hundeführenden Person) müssen vorhersehbar und verlässlich sein.

Die gesendeten Signale (Körpersprache, Mimik und Gestik) müssen übereinstimmen.

Lob und Rituale

Beim Erlernen des gewünschten Verhaltens ist ausreichendes Lob ein wesentlicher Motivationsfaktor. Ist das Verhalten einmal antrainiert, so muss nicht ständig gelobt werden. Hier empfiehlt sich das variable, also das unerwartete Lob. Das spornt zusätzlich an.

Wie schon beschrieben, lernt der Hund durch Beobachtung und Nachahmung. Es empfiehlt sich daher, bereits im Welpenalter klare Regeln und Rituale festzulegen. Mit Ritualen meine ich die Aneinanderreihung von Abläufen in immer derselben Reihenfolge, versehen mit positiven Emotionen.

Beispiel: Verabreichen des Futters:

- immer nach dem gleichen Ablauf
- positive Emotionalisierung erfolgt durch das Futter

Beispiel: Aus dem Auto nehmen

- Öffnen der Hundebox
- Kommando „Sitz – Anleinen"
- Kommando „Hopp" – der Hund wird aus dem Auto gehoben
- Kommando „Sitz"
- Belohnung

Damit verhindern Sie auf Dauer, dass der Hund beim Öffnen der Box aus dem Auto springt.

Beißen

Welpen haben oft das Bedürfnis, alles was sie zwischen die Zähne bekommen, zu „bekauen". Daher ist es wichtig, bereits in den ersten Lebenswochen klarzustellen, dass der Welpe behutsam mit seinen Zähnen umgehen soll. Bereits in der Wurfbox hat der Welpe festgestellt, dass unsensibles Zubeißen bei den Geschwistern zu Quietschen und Abwenden geführt hat.

Das bedeutet für die hundeführende Person, dass „Beißattacken" des Welpen mit einem lauten und hohen **„Au-auuu-auuh"** zu quittieren sind. Zusätzlich zeigen Sie ihm durch bewusstes Abwenden, dass hier ein Fehlverhalten vorliegt.

Sollte das nicht zum gewünschten Ergebnis führen, steigern Sie auf ein klares und deutliches **„Pfui"** oder **„Nein"**.

Selbstvertrauen und Umweltsicherheit

Damit Ihr Hund später Eindrücke und Neues stressfreier und besser verarbeiten kann, unterstützen Sie die Entwicklung des Gehirnes mit möglichst vielen Eindrücken und Informationen. Geben Sie dem Welpen die Möglichkeit, seine Umwelt mit all seinen Sinnen zu entdecken. Der Hund ist heutzutage überall integriert und sollte sich daher mit allen Gegebenheiten zurechtfinden. Ob beim Einkaufen, beim Bummel durch die Stadt oder im Revier.

Zeigen Sie dem Welpen die Menschenwelt und „füttern" Sie ihn wohldosiert mit so vielen Eindrücken und Reizen wie möglich. Das Ziel ist, dass Ihr Hund mutig und mit Selbstvertrauen Neues annimmt.

Achten Sie aber darauf, dass er nicht allzu mutig und unüberlegt Neues erforschen will. Nutzen Sie gemeinsame Spaziergänge im Revier und Sozialkontakte. Verhindern Sie aber unkontrollierte Situationen. Gerade diese können in der Prägungsphase zu unerwünschtem Verhalten führen.

Anlegen der Halsung

Das Anlegen der Halsung ist für einen Welpen eine vertrauensvolle Handlung, die zu einem positiven Erlebnis werden soll. Gerade beim ersten Mal sollten Sie sich dafür ausreichend Zeit nehmen und das Anlegen so angenehm wie möglich und mit größtmöglicher Ruhe gestalten. Halten Sie dabei Blickkontakt mit dem Welpen.

Leine

Hat der Hund die Halsung angenommen und sich an diese gewöhnt, folgt der nächste Schritt: Das Festmachen der Leine an der Halsung und die ersten Schritte mit dem Hund an der Leine. Die Leine bedeutet in Zukunft eine Einschränkung in der Bewegungsfreiheit Ihres Hundes. Sie dient als Lenkungs- und Ausbildungsinstrument. Auch hierfür ist eine Gewöhnungsphase notwendig. Beachten Sie dabei, dass beim Welpen

die Nackenmuskulatur noch nicht ausgeprägt ist und die Leine behutsam einzusetzen ist.

Leine - eine unverzichtbare Unterstützung

Die Leine ist unverzichtbar im Alltag und für den jagdlichen Einsatz. Das An- und Ableinen ist eine vertrauensvolle und sensible Kontaktaufnahme zwischen Mensch und Hund.

Ist die Leine an der Halsung festgemacht, stellen Sie mit einem Schnalzen mit Ihrer Zunge oder mit Klopfen auf den Oberschenkel sicher, dass Ihr Hund Blickkontakt zu Ihnen hat. Danach setzen Sie sich in Bewegung. Nach wenigen Schritten mit dem Hund an der Leine gehen Sie in die Hocke und belohnen ihn mit einem Leckerli. Nach und nach verlängern Sie die gemeinsame Wegstrecke.

Bereits bei den ersten Übungen sollten Sie darauf achten, dass der Hund knapp neben Ihnen geht – der empfohlene Abstand zwischen Ihnen und dem Hund sollte ca. 15–20 cm betragen. Die Schulter des Hundes muss auf Höhe Ihres linken Beines sein. Zu beachten ist, dass der Welpe mit den Einschränkungen seines Bewegungsfreiraumes stressfrei zurechtkommen sollte.

Klare und eindeutige „Sprache"

Die Kommunikation mit Hunden erfolgt nach dem Binärsystem Null und Eins. Null steht für falsch und Eins für richtig. Es muss für den Hund deutlich erkennbar sein, was falsch und richtig, erwünscht oder nicht erwünscht ist. Die **„Sprache“** muss daher klar und eindeutig sein. Dosieren Sie Ihre Lautstärke. Erhöhen Sie Ihre Stimmlage bei Lob. Kommandos hingegen sollten leise gesprochen werden.

Die gesprochenen Kommandos, wie **„Sitz“**, **„Platz“** und das **Abrufen** sollen mit klarer Gestik und Körpersprache der führenden Person unterstützt werden.

Der Hund und die Kommandos: Grundsätzliches

Eindeutige Kommandos erleichtern die Arbeit mit dem Hund. Der Hund verknüpft Befehle mit dem von Ihnen erwarteten Verhalten. Die Ausführung hat dabei immer auf das erste Kommando zu erfolgen. Gebetsartige, oft wiederholte Kommandos sind unbedingt zu vermeiden.

Das gesprochene Kommando

Für den Hund stellt es kein Problem dar, sich Kommandos einzuprägen und vor allem diese zu verknüpfen. Auch die Aneinanderreihung von Kommandos wie z. B. „Such verloren Apport“ stellt für den Hund kein Lernhindernis dar.

Wichtig dabei ist:

- Behalten Sie die einmal eingelernten Kommandos immer gleich bei.
- Achten Sie auf Ihre Sprache: Diese sollte stets leise und klar sein.

In der Tabelle unten sind die gesprochenen Kommandos, jene mit Sichtzeichen und die Kommandos mit der Pfeife (Tonfolgen) dargestellt. Sie sollen Ihnen als bewährte Beispiele für Ihre Ausbildung dienen.

Kommando	gewünschtes Verhalten	Sichtzeichen	Beschreibung	Sprache	Pfeife
Sitz	Hund sitzt auf seinen Hinterläufen		Zeigefinger hoch	**Sssitz!**	kein Ton
Halt	Hund bleibt stehen	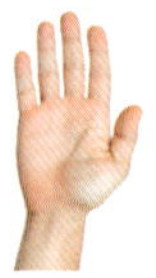	erhobene Hand, flach	**Halt!**	kein Ton
Platz	Hund legt sich auf den Boden; Bauch am Boden, Kopf hoch		flache Hand	**Plaaatz!**	Triller kurz
Down	Hund legt sich auf den Boden; Bauch und Kopf am Boden		beide Hände flach	**Down!**	Triller lang
Hier	Abrufen des Hundes; der Hund kommt zurück zum Führer		beide Arme ausgestreckt	**Hieeeer!**	Doppelpfiff

Gerade auf der Jagd muss die Kommunikation zwischen hundeführender Person und Hund einwandfrei wortlos funktionieren.

Für die Kommandos durch Sichtzeichen verwenden Sie Finger bzw. Hände, wie z. B. den Zeigefinger, die flache Hand oder die ausgestreckten Arme. Der Hund verknüpft durch das eindeutige Sichtzeichen auch ohne gesprochenes Kommando, was von ihm erwartet wird.

Zwischenschritt zu Sichtzeichen

Wenn Ihr Hund die gesprochenen Befehle mit dem erwünschten Verhalten verknüpft hat, ergänzen Sie die gesprochenen Kommandos mittels Sichtzeichen. Wenn das gut funktioniert, lassen Sie die gesprochenen Kommandos weg und üben nur mit den Sichtzeichen. In weiterer Folge sollte Ihr Hund auch bei entsprechendem Sichtzeichen auch ohne gesprochenes Kommando das erwünschte Verhalten zu zeigen.

Kommando mit Pfeife

Die Pfeife ist in der weiteren Ausbildung (ab der 13. Lebenswoche) ein wesentliches Hilfsmittel, um den Hund mittels verschiedener Pfiffe/Triller zum gewünschten Verhalten zu veranlassen. Die unterschiedlichen Pfiffe/Triller aus der Pfeife (siehe Tabelle oben) geben dem Hund den notwendigen Klangimpuls, das vom ihm verlangte Verhalten zu zeigen.

Zwischenschritt zum Pfeif-Kommando

Auch hier werden die gesprochenen Kommandos durch die entsprechenden Pfiffe/Triller ersetzt, bis der Hund einwandfrei entsprechend auf diese Tonfolgen reagiert.

Die ersten Kommandos für den Welpen

Der Welpe ist gerade in den ersten Wochen sehr verspielt. Das können Sie für die Ausbildung nutzen. Sie werden die Kommandos „Sitz", „Platz" und „Hier" in das gemeinsame Spiel einbauen und bei entsprechender Ausführung mit Belohnungen positiv bestätigen.

Damit schaffen Sie positive Verknüpfungen, die die weitere gezielte Ausbildung erleichtern. Nachfolgend finden Sie Beispiele für die ersten Kommandos, die Sie mit dem Welpen etwa ab der 10. Lebenswoche üben können:

„Sitz"

Das Kommando „Sitz" sollte bereits ab der 10. Lebenswoche geübt werden. Das funktioniert am besten mit Leckerlis. Das „Sitz" üben Sie bei jeder sich bietenden Gelegenheit. Beim gesprochenen Kommando „Sitz" drücken Sie mit einem Finger auf die Kruppe, sodass der Welpe mit dem Gesäß den Boden berührt. Ist diese Position eingenommen, geben Sie dem Welpen ein Leckerli als Belohnung. Die Position „Sitz" wird wahrscheinlich von Ihrem jungen Hund nur kurz eingenommen werden. Am Anfang werden Sie sich mit wenigen Sekunden zufrieden geben.

„Platz“ mit gesprochenem Kommando und Leckerli

Auch dieses Training sollte schon ab der 10. Lebenswoche beginnen. Dazu nutzen Sie zu Anfang den Liegeplatz des Hundes. Sie führen den Hund zu seinem Liegeplatz, lassen ihn dort absitzen und in der rechten geschlossenen Hand haben Sie ein Leckerli versteckt.

Der Hund wird den Geruch des Leckerlis sofort in der Nase haben. Nun führen Sie die rechte Hand zum Boden des Schlafplatzes. Der aufmerksame Hund, vom Geruch stimuliert, wird versuchen, mit seiner Schnauze der Hand zu folgen und wird so immer weiter zu Boden gehen. Sobald er mit dem Bauch vollständig auf seinem Bett liegt, quittieren Sie diese Stellung mit dem gesprochenen Kommando „Platz!“, öffnen und drehen die Hand, sodass er die Belohnung fressen kann. Vergessen Sie nicht, ihn gleichzeitig zu loben. Bei den ersten Wiederholungen wird der Welpe nicht allzu lange am Platz bleiben.

Funktioniert das unterstützende „Platz-Gehen“ am Schlafplatz, so wechseln Sie die Örtlichkeiten. Beachten Sie bitte dabei, dass der Hund angeleint ist. Damit kann er Ihnen nicht aus Ihrem Aktionsradius entweichen.

„Abrufen“

Das Abrufen des Hundes, also die klare Aufforderung, wieder zur führenden Person zurückzukehren, ist ein weiterer elementarer Ausbildungsschritt. Begonnen wird bereits im Welpenalter. Dabei lässt man den Welpen vor sich laufen. Interessiert wird er seine Umwelt erkunden.

Versuchen Sie nun, sich wiederholt von ihm wegzubewegen. Er wird anfänglich immer versuchen, den Kontakt zu Ihnen zu halten und wird Ihnen daher folgen. Bewegt er sich in Ihre Richtung, so unterstützen Sie ihn mit einem „**Hier**“.

Hat er Sie erreicht, so loben Sie Ihren Hund ausgiebig. Streicheln Sie ihn und/oder geben Sie ihm ein Leckerli.

WICHTIG! Erst nach Erfolg belohnen

Die Belohnung erhält der Hund immer erst dann, wenn die Übung erfolgreich ausgeführt wurde.

Abrufen mit Leine

Danach können Sie diese Übung mit einer 2–3 Meter langen Leine ergänzen. Wiederum wird Ihr Hund die Umgebung an der Leine erkunden. Ziehen Sie nun mit dem Kommando „Hier“ den Hund sanft zu sich.

Dabei machen Sie sich klein und spornen ihn freudig an. Ist der Hund nun bei Ihnen, erfolgt wieder ausgiebiges Lob, sodass das „Kommen“ zu einem freudigen Erlebnis wird. Die Konditionierung ist also: „Wenn ich komme, freut sich meine hundeführende Person und es gibt eine Belohnung.“ Auch hier lohnt sich das oftmalige Wiederholen und mit Fortdauer sollte die Leine länger und die Distanz größer werden.

Geräusche und Lärm

Im neuen Heim sollten Sie Ihren Welpen bereits vom ersten Tag an wohldosiert an Staubsaugerlärm, Radio, Türgeräusche und dgl. gewöhnen. Der Hund muss an die Geräusche im Haus und im Umfeld gewöhnt sein.

Der Jagdhund muss Schussfestigkeit aufweisen. Es empfiehlt sich daher den Welpen bereits jetzt mit entfernten Schüssen aus dem Luftgewehr an den Schussknall zu gewöhnen. Dabei führen Sie den Hund an der Leine und in einer Entfernung von ca. 20 Schritten wird ein Schuss aus dem Luftgewehr abgegeben. Geben Sie dem Hund dabei die notwendige Sicherheit, indem Sie beruhigend auf ihn einwirken.

Futterschleppen

Bei Futterschleppen wird der Futterreiz als Grundlage verwendet, um Welpen auf das „Suchen" mit tiefer Nase zu konditionieren.

Ihr Welpe hat im Idealfall bereits beim Qualitätszüchter mit Futterschleppen Bekanntschaft gemacht. So können Sie mit diesem Trainingsschritt gezielt verstärken, dass der Erfolg des Futterfindens über das Suchen am Boden führt.

Anlage der Futterschleppe

Mit einem nassen Socken, der mit Futter gefüllt ist, wird eine Schleppe gezogen. Durch das Ziehen des Sockens auf dem Boden überträgt sich der Geruch des Futters auf den Bewuchs.

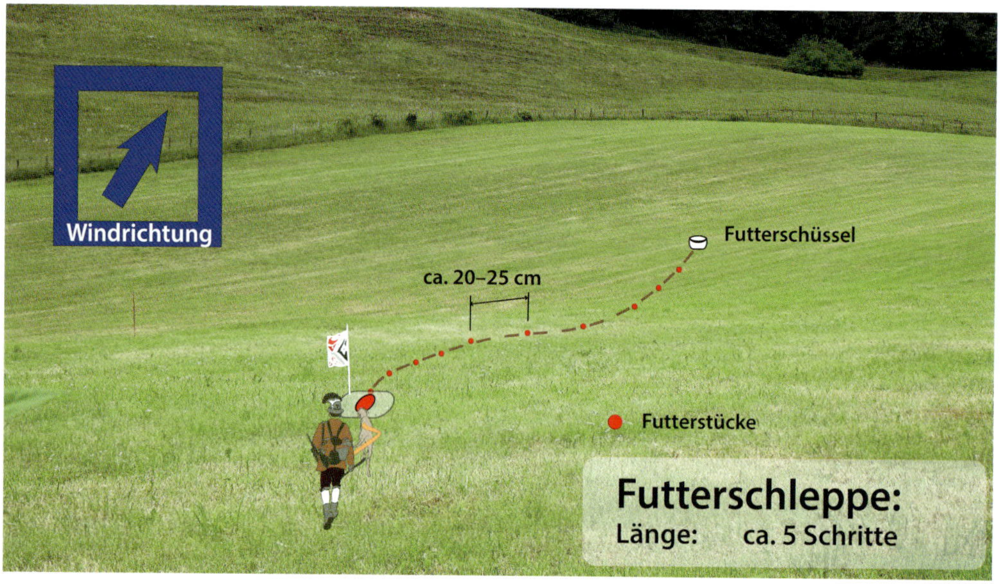

Zusätzlich werden auf der Schleppe immer wieder Futterstücke, die sich auch im Socken befinden, ausgelegt. Am Ende der Schleppe wird die gefüllte Futterschüssel positioniert (siehe Abbildung oben).

Nach der Anlage der Schleppe sollten Sie eine Stehzeit von ca. 15 Minuten einhalten. Danach wird der Hund an der kurzen Leine zum Schleppenanfang geführt. Am markierten Schleppenanfang wird der Hund zur Suche motiviert.

Der Duft der Futterschleppe wird ihn veranlassen, mit tiefer Nase und interessiert zu suchen. Dadurch wird er auch die ausgelegten Futterstücke finden. Der erste Erfolg, ein Futterstück zu finden, wird den Hund antreiben, der Schleppe zu folgen, um weitere Futterstücke zu finden.

Anfänglich können Sie Ihren Hund noch mit Fingerzeig auf die Futterstücke und gezieltem Lenken mit der Leine zum Futter „führen". In weiterer Folge sollte der Hund die Suche eigenständig durchführen.

WICHTIG! Die optimale Futterschleppe

Beim Anlegen der Futterschleppe ist der Hund nicht sichtig abzulegen. Der Schleppenbereich sollte keine Verleitungen oder andere Ablenkungen aufweisen. Die Futterstücke sind im Abstand von 20–25 cm zu platzieren. Am Ende der Schleppe wird der Hund mit Futter belohnt.

Lernstufen

- Start: 5 Schritte
- Steigerung 1: 8 Schritte
- Steigerung 2: 12 Schritte

Bitte beachten Sie die **Windrichtung** beim Anlegen. Die Schleppe ist mit Nackenwind anzulegen. Zusätzlich ist die Windrichtung vor der Schleppenarbeit nochmals zu kontrollieren.

Der Hund ist auf der Schleppe an der kurzen Leine zu führen. Dieses Training zielt darauf ab, dass der Hund die Schleppe freudig und konzentriert ausarbeitet.

Es sollten bereits wenige Schleppen ausreichen, um die positive Grundkonditionierung des Hundes vorzunehmen. Die Auswahl der ausgelegten Futterstücke treffen Sie. Sie kennen die Futtervorlieben Ihres Hundes.

TIPP! Nicht zu viele Futterschleppen

Die Anzahl der Schleppen sollte den Hund nicht überfordern. Ziel ist es, dass der Hund ruhig und mit tiefer Nase arbeitet. Meiner Erfahrung nach sind ca. 5 Schleppen, verteilt auf mehrere Tage, ausreichend.

In weiterer Folge kann Wildleber oder ein Kammerstück mittels Schleppleine über den Boden gezogen werden. Dieses jeweilige Stück wird dann am Ende der Schleppe (Fresstauglichkeit beachten) in die Futterschüssel gelegt. Die Schleppenlänge ist zu Beginn mit ca. 15 Schritten zu begrenzen.

Eine **Steigerung** erfährt dieses Training durch die Verwendung eines Rehhauptes, das für das Herstellen der Schleppe über den Boden gezogen wird. Das Rehhaupt wird am Schleppenende abgelegt und ist mit einer Schnur versehen.

Gelangt der Hund am Ende der Schleppenarbeit zum Haupt, so sollte er ausreichend Zeit zur Untersuchung des Hauptes haben.

Nach der Untersuchung durch den Hund zieht eine Hilfsperson die Schnur ca. 2–3 Schritte langsam weiter. Der Hund sollte dem Haupt interessiert und entschlossen folgen. Unmittelbar im Anschluss loben Sie Ihren Hund und geben ihm Futter als Belohnung. Diese Übung kann bereits mit dem Schweißriemen gearbeitet werden.

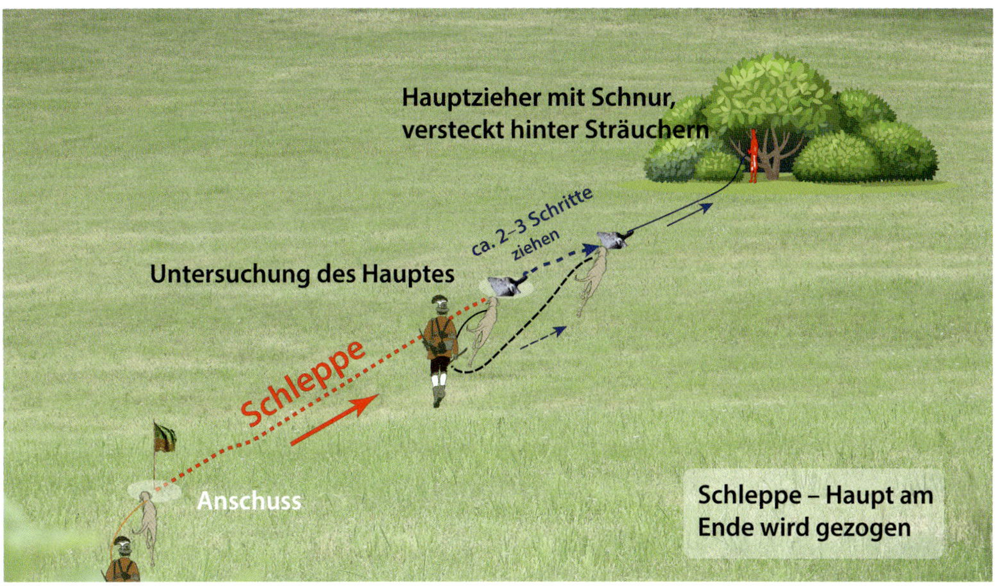

Schleppe – Haupt am Ende wird gezogen

IV. DIE PRÄGUNG FÜR DIE AUSBILDUNG

Foto: Irmtraud Weishaupt

AUSBILDUNGSSCHRITTE IM ÜBERBLICK

Die Prägung für die Ausbildung erfordert gezieltes Training, Konsequenz, Ausdauer und eine intensive Bindung zwischen Mensch und Hund.

Die Prägung für die jagdliche Ausbildung

Bereich / Alter	13. Lebenswoche	14. Lebenswoche	15. Lebenswoche
Sozialisierung:			
Führende Person	Trainingsorte variieren | Hilfsperson auswählen und abstimmen – Ziele/ Vorgaben	Trainingsvorbereitung | Trainingsgelände auswählen | Hilfsperson einweisen	
Familie	Unterstützung im Training	Unterstützung im Training	
Zuhause			
Umwelt	beim Ansitz mitnehmen | am Sitz ablegen	Ablegezeiten am Sitz steigern | im Revier pirschen	Wildkontakte
Artgenossen	Training mit anderen Hunden	Training mit anderen Hunden für Grundgehorsam	Training mit anderen Hunden für Grundgehorsam
Menschen	Hilfsperson „vorstellen“		
Grundgehorsam:			
Fuß-Gehen	exakte Leinenführigkeit | „Frei-bei-Fuß“ erste Übungen	mit Ablenkungen	mit Ablenkungen und Variation von „an der Leine“ bzw. „frei-bei-Fuß“
Sitz	auf erstes Kommando mit gesprochenem Kommando und Sichtzeichen	mit Ablenkungen	mit Ablenkungen und in jeder Situation
Platz	auf erstes Kommando mit gesprochenem Kommando und Sichtzeichen	mit Ablenkungen | Triller als Platzzeichen	Ablegezeiten kontinuierlich steigern | Ablegen aus der Bewegung
Abrufen	mit „Hier“ abrufen und Konditionierung „Sichtzeichen“	mit Ablenkungen	mit Doppelpfiff abrufen
Konditionierung	Pfeife einsetzen | Richtung geben | Rot-/Rehwildhaupt-Kontakt	Abläufe standardisieren und emotionalisieren | damit Rituale etablieren	Bekanntschaft mit Hase/Marder
Nachsuche:			
Anschuss	Anschusstraining	Anschuss mit Abgang	
Schleppen	Schleppe mit Wildbretteilen	Schleppe mit Haupt	Steigerung Schleppenlänge
Fährten			

Bereich / Alter	13. Lebenswoche	14. Lebenswoche	15. Lebenswoche
Verleitungen			
Spezialisierung			Haupt am Ende der Schleppe ziehen
Dokumentation		1. Dokumentation	Training dokumentieren

In der obigen Tabelle finden sich empfohlenen Ausbildungsschritte im Laufe der 13. bis 15. Lebenswoche. Teilweise werden diese Schritte auf den folgenden Seiten beschrieben, teilweise folgen nähere Erläuterungen zu einzelnen Ausbildungsschritten im nächsten Kapitel.

ERZIEHUNG FÜR DIE JAGDLICHE AUSBILDUNG: 13. BIS 15. LEBENSWOCHE

Im vorigen Kapitel wurde schon beschrieben, dass während der 9. bis 12. Lebenswoche, also bei der Prägung im neuen Heim, die ersten Erziehungsschritte erfolgen. Ihr Hund sollte zur führenden Person und zur Familie Vertrauen gefasst haben und zu Hause, aber auch anderen Menschen und Hunden gegenüber gut sozialisiert sein. Die für den Grundgehorsam nötigen Kommandos sollte er ebenfalls bereits geübt haben. Denn nun, ab der 13. Lebenswoche, geht das Training für die jagdliche Ausbildung los.

Grundsätzliche Gedanken zum Training

Noch immer ist ihr Hund sehr verspielt, auch das Training für die jagdliche Ausbildung sollte daher wann immer möglich spielerisch gestaltet werden, weil der Hund damit positive Verknüpfungen herstellt, die in weiterer Folge die Ausbildung erleichtern. Nutzen Sie beispielsweise gemeinsame Spaziergänge, um verschiedene Übungen einzubauen.

Bedenken Sie bei allen Übungen, dass Sie einen Schritt nach dem anderen setzen. Steigern Sie den Schwierigkeitsgrad erst dann, wenn die vorangegangene Lektion einwandfrei funktioniert.

Geben Sie Ihrem Hund die Möglichkeit, sich zu entwickeln und widmen Sie ihm auch genügend Zeit zur Entspannung und zum liebevollen Kontakt.

Vor und nach dem Training sollten Sie Ihrem Hund unbedingt ausreichend Zeit geben, sich auszutoben! Insbesondere junge Hunde haben, je nach Rasse, einen großen Bewegungsdrang.

Übung macht meisterhaft, Lob motiviert

Das Training mit Ihrem Hund ist eine wunderbare Selbsterfahrung. Geduld und Gelassenheit sind dabei verlässliche Begleiter. Ihr Hund nimmt Ihre Mimik, Gestik und auch Ihre Gefühle wahr. Es empfiehlt sich daher, nach einem stressigen und hektischen Tag vorab selbst einmal zur Ruhe zu kommen und erst danach mit dem Hund zu trainieren.

Seien Sie beim Training konsequent, der Erfolg wird sich einstellen! Vergessen Sie aber nicht: Weder Sie noch Ihr Hund haben jeden Tag die optimale Verfassung. Bei Rückschlägen ist eine genaue Analyse hilfreich. Meist wird sich bei expliziter Betrachtung eine Lösung finden.

Loben Sie ausgiebig, wenn die Übungen zu Ihrer Zufriedenheit ausgeführt werden. Denn Lob ist eine große Motivation für Ihren Hund.

HINWEIS! Beachten Sie:

Auch Sie geben beim Anlegen von Schleppen und Fährten Ihre „Duftspuren" ab.

Trainingspartner und Hilfspersonen

Sollten Sie Trainingspartner beiziehen, so geben Sie dem Hund Zeit, diese vorab kennenzulernen. Vergessen Sie auch nicht, die Hilfsperson entsprechend einzuweisen und teilen Sie ihr Ihre Ziele mit. Damit ersparen Sie sich unliebsame Überraschungen im Training.

VORBEREITUNG UND DOKUMENTATION DES TRAININGS

Trainingsplanung und Dokumentation sorgen für Überblick, daher empfiehlt es sich, das Training gut zu planen und die notwendigen Hilfsmittel vorzubereiten (siehe S. 97).

Überlegungen davor

Die Vorbereitung und Planung eines Trainings ist die Basis, damit Sie und Ihr Hund gute Ergebnisse erzielen können. Dabei sollten Sie Folgendes immer im Blick haben:

- Was soll trainiert werden?
- Wo ist der dafür geeignete Platz?
- Welche Hilfsmittel werden dafür benötigt?
- Ist eine Hilfsperson vonnöten?
- Welches Ergebnis soll erzielt werden?
- Wie lange soll die Trainingseinheit dauern?

TIPPS! Bitte beachten:

- Gönnen Sie Ihrem Hund vor der Arbeit den notwendigen Auslauf, um sich auszutoben und die Umgebung kennenzulernen.
- Kurze „Lerneinheiten" bringen bessere Ergebnisse als ein langer Trainingsblock.
- Verteilung über den Tag, z. B. vormittags und nachmittags, sind zu empfehlen. Auch Ihr Hund hat sich Entspannung verdient.

Reflexion danach

Das Training sollte aber nicht nur gut vorbereitet sein, sondern auch dokumentiert werden. Dies erleichtert Ihnen die spätere Analyse und die schrittweise Optimierung des Trainings.

Am Ende dieses und auch weiterer Kapitel stelle ich Ihnen von mir entwickelte Dokumentationsformulare zur Verfügung (siehe z. B. S. 60, 78, 80, 81, 93, 94, 120f.). Diese sind einfach auszufüllen und geben einen ausreichend umfassenden Rückblick auf das Training. Gerne können Sie jedoch Ihr eigenes Dokumentations-Verfahren entwickeln.

Hinweise zur Nutzung der Checklisten

Die **Bewertung** in der Hundeausbildung folgt nicht dem klassischen Schulnotensystem. Mit „4“ bewertet man eine Leistung, die voll entsprochen hat, das ist daher die Bestnote.

Der Hund wird in seiner Arbeit und im Verhalten bewertet, gekennzeichnet mit „**UZ**“ (**Urteilsziffer**).

In den Feldern mit „**BW**“ (**Bewertung**) können Sie einfach „ja“ oder „nein“ eintragen.

Nicht nur der Hund und seine Arbeit sind zu bewerten, sondern auch Ihr eigenes Verhalten: hinterfragen Sie sich kritisch! Die **Bewertung Ihres Verhaltens** ist wichtig, um sich selbst bei der Arbeit zu reflektieren. Aus dem eigenen Verhalten kann sich Fehlverhalten beim Hund entwickeln. Durch die Selbstreflexion lernen Sie sich im Umgang mit dem Hund besser kennen.

Beim Punkt „Örtlichkeit“ klassifizieren Sie das Trainingsgelände. Die Betrachtung des Trainingsgeländes und die Auseinandersetzung damit können in der Zusammenschau mit dem Trainingsergebnis hilfreiche Informationen liefern.

- War das Gelände frei von „Störungen“?
- Zeigt Ihr Hund bei gewissen Umwelteinflüssen Fehlverhalten?

Der Bereich „**Skizze**“ gibt Ihnen die Möglichkeit, den Trainingsablauf auch grafisch zu erfassen. Durch das Erstellen einer Skizze befassen Sie sich nochmals intensiv mit dem Ablauf. Es erleichtert Ihnen den Vergleich von verschiedenen Trainings und deren Ergebnissen. Mit diesen Vorlagen sollte es Ihnen möglich sein, qualitative Trainings vorzubereiten und im Anschluss zu analysieren.

Mit Ihren Aufzeichnungen erhalten Sie einen gezielten Überblick über das Training in Bezug auf:

- Was ist gut gelaufen?
- Wo gibt es Mängel oder Fehlverhalten?
- Wo haben Sie als führende Person schlecht agiert?
- In welchen Bereichen wird eine externe Hilfestellung benötigt?

Damit können Sie eine „Stärken-Schwächen-Analyse“ erstellen und notwendige Korrekturen werden dadurch erleichtert.

GRUNDGEHORSAM: PERFEKTIONIERUNG DER KOMMANDOS

Nach der ersten Erziehung während der 9. bis 12. Lebenswoche haben Sie spielerisch die ersten Ausbildungsschritte vorgenommen. Das Verhalten Ihres Hundes konnten Sie schon kennenlernen. Grenzen wurden gesetzt und der Hund hat sich im neuen Heim eingewöhnt. Die Umwelt wird interessiert erkundet und Sozialkontakte geschlossen.

Der Hund hat sich an die Halsung gewöhnt und auch die Leine wurde bereits als Lenkungsmittel eingesetzt.
Sie sind bereit, die gezielte Ausbildung zu starten. Die Leinenführigkeit und weitere Kommandos sind die Grundlagen, damit Ihr Hund Ihnen folgt und nicht Sie dem Hund.

„Bei Fuß" und Leinenführigkeit

Das gemeinsame Gehen mit Ihrem Hund an der Leine ist einer der ersten Lernschritte im Grundgehorsam.

Der Hund soll entspannt und ohne zu ziehen neben Ihnen (an der linken Seite) geführt werden. Die Leine soll nach erfolgreicher Ausbildung durchhängen, also keinen Zug aufweisen. Die rechte Schulter des Hundes ist auf Höhe Ihres linken Beines.

Der Abstand zwischen Hundeschulter und Ihrem Bein ist so zu wählen, dass die hundeführende Person nicht auf die Pfoten des Hundes steigen kann (empfohlener Abstand: 15–20 cm).

Das Bild zeigt, wie die Hundeführerin (rechts) mit der Leine den Hund kontrolliert und ihn an ihre Seite zieht.

Das entsprechende Kommando für das Gehen an der Leine ist: **„Fuß“**

Die Ausbildung startet mit dem Anleinen des Hundes; der Hund ist neben Ihnen im Sitz.

Danach setzen Sie sich in Bewegung und geben gleichzeitig das Kommando „Fuß“. Sollte der Hund nicht sogleich darauf reagieren, helfen Sie mit einem Leinenruck nach. Der Hund sollte Ihnen nun folgen.

Die Leine ist kurz gegriffen zu führen, dass vorerst ein schnelles Einwirken möglich ist. Will der Hund seitlich abweichen, so ziehen Sie Ihren Hund – mit gleichzeitig gesprochenem Kommando „Fuß“ – wieder in die von Ihnen gewünschte Position.

Sie konditionieren Ihren Hund insofern, als Sie während des Gehens immer wieder dieses Kommando geben. Befolgt der Hund das Kommando und ist an der gewünschten Position, so loben Sie Ihren Hund mit **„Brav ist der Hund“**. Durch das Lob wird er im richtigen Verhalten bestärkt und motiviert.

Zusätzlich können Sie Ihren Hund mit einem Leckerli zusätzlich positiv motivieren. Für diese Situation haben Sie in der linken Hand das Leckerli, die Leine wird dabei von der rechten Hand gehalten. Wichtig ist, dass Sie die Leckerli nicht immer verabreichen, sondern bei gewünschter Ausführung und in Abständen von ca. 10 Schritten.

Diese Belohnungen motivieren gerade am Beginn des Trainings, sollten aber mit Fortdauer der Ausbildung weggelassen werden.

Gerade am Ausbildungsstart ist diese Leinenführung notwendig, damit Korrekturen unmittelbar bei Fehlverhalten angebracht werden können.

Mit Fortdauer des Trainings sollte die Leinenführigkeit derart geübt sein, dass die

Das obige Bild zeigt die Führerin mit kurz gegriffener Leine, damit der Hund in gewünschter Position neben ihr geht.

Leine durchhängt. Damit ist ein entspanntes Gehen mit dem Hund möglich.

Abweichen - die Korrektur

Welche Möglichkeiten haben Sie, wenn der Hund immer wieder seitlich abweichen will? Am besten nutzen Sie ein Hindernis (z. B.: Mauer, Zaun, Hecke) und erleichtern sich damit die Korrekturarbeit. Sollte Ihr Hund seitlich zu weit von Ihnen abweichen, **geben Sie das Kommando „Bei Fuß" u**nd ziehen Sie den Hund mit leichtem Leinenruck wieder in die richtige Position. Mit dieser Übungsanordnung können Sie das sehr gut trainieren.

Ein oftmaliges Training dieser Situation wird das Abweichen des Hundes korrigieren. Vergessen Sie nicht auf ausreichendes Lob, wenn Ihr Hund auf das Kommando sofort reagiert und die Übungen wie gewünscht ausführt.

Nutzen Sie für die Korrektur ein seitliches Hindernis, damit der Hund am seitlichen Abweichen gehindert wird. Im dargestellten Bild ist es ein Maschendrahtzaun. Der Hund befindet sich damit zwischen Ihrem linken Bein und dem Zaun.

Funktioniert das „An der Leine gehen“ einwandfrei, wird der nächste Übungsschritt gesetzt.

„Frei-Bei-Fuß“

Das „Frei-Bei-Fuß“ bedeutet, dass Ihr Hund ohne Leine neben Ihnen geht. Die Leine, mit der Sie direkt auf den Hund einwirken konnten, wird dabei nicht mehr verwendet.

Die ersten Schritte

Für dieses Training tauschen Sie Ihre Leine gegen eine Schnur, die Sie an der Halsung durch eine Öse führen. Anfänglich nutzen Sie die Schnur wie eine Leine.

Nach ca. 20 Schritten lassen Sie die Schnur los. Die Schnur schleift nun lose neben dem Hund am Boden. Der Hund hat das Gefühl, dass er noch an der Leine geführt wird.

Auch bei diesem Training ist es notwendig, viele Wiederholungen durchzuführen. Weicht der Hund nach einiger Zeit des gemeinsamen Gehens von Ihnen ab und nimmt trotz des gesprochenen Kommandos „Fuß“ nicht die gewünschte Stellung ein, nehmen Sie die Schnur wieder auf und führen ihn an der Schnur. Danach wiederholen Sie das Loslassen. Mit Fortdauer der Wiederholungen werden Sie den Fortschritt bemerken.

Fehlerkorrektur

Idealerweise sollte Ihr Hund nach diesem Training „Frei-Bei-Fuß“ gehen. Auch ohne Leine sollte der Abstand zwischen führender Person und Hund 15–20 cm betragen. Sollte sich jedoch zeigen, dass der Hund immer wieder von Ihnen abweichen will, so nutzen Sie wie beim Training mit Leine die nachfolgend dargestellte Trainingsanordnung:

Dehnen Sie die Gehdistanzen mit „Frei-Bei-Fuß“ sukzessive aus. Beim Pirschen im Revier ist eine Leine teilweise hinderlich

Die Schnur dient zunächst als Leine.

Das Bild zeigt, dass die Schnur losgelassen wurde und neben dem Hund am Boden mitgezogen wird.

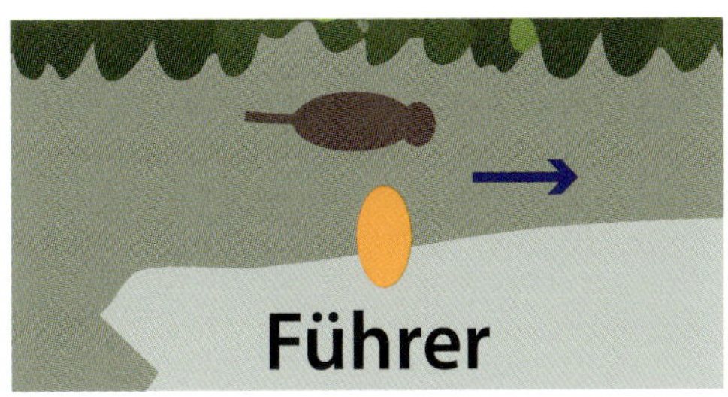

Die Hecke verhindert das Abweichen des Hundes. Natürlich können Sie auch entlang von Zäunen und Mauern gehen, die den gleichen Effekt bewirken.

und von daher ist das einwandfreie „Frei-Bei-Fuß“ ein Muss.

WICHTIG! Kommandos & Reaktionen

Hund weicht ab. Sie geben das Kommando „Fuß“.

- Hund reagiert richtig und nimmt die gewünschte Stellung ein. Sie quittieren mit Lob.
- Hund reagiert nicht – Leinenzug innerhalb von 5 Sekunden!

„Sitz"

Bereits in der Prägungsphase im neuen Heim haben Sie spielerisch den Hund zum Sitzen, mit dem gesprochenen Kommando „Sitz“ aufgefordert. Dabei haben Sie den Welpen wahrscheinlich mit einem Druck auf den hinteren Bereich des Hundes (Kruppe) unterstützt. Ist der Welpe mit dem Gesäß zu Boden gegangen, haben Sie ihn mit einem Leckerli belohnt.

In dieser Phase der Ausbildung wird das spielerische Element „Sitz“ durch das konsequente Training „Sitz“ ersetzt. Das ruhige und verlässliche Absitzen des Hundes ist ein weiteres **Muss** im jagdlichen Einsatz. Der Hund soll ruhig und gelassen neben Ihnen am Boden verharren bzw. an jedem von Ihnen beliebig gewählten Ort.

Das Bild unten links zeigt Ihnen, wie ein „Sitz“ aussehen soll. Gehen Sie hier bitte keine Kompromisse ein!

Das Kommando „Sitz“ ist dann ordnungsgemäß ausgeführt, wenn die im Bildtext beschriebene Körperstellung ausgeführt ist. Ziel ist es, dass der Hund auf erstes Kommando die gewünschte Position einnimmt.

Wie lernen Sie nun Ihrem Hund, was bei „Sitz“ von ihm erwartet wird?

„Sitz" mit gesprochenem Kommando

Das gesprochene Kommando wird mit einem lang gezogenen **„Sssitz“** gegeben. Achten Sie dabei am Anfang des Trainings darauf, dass Ihr Hund angeleint und in Ihrem unmittelbaren Einflussbereich ist. Damit ist es Ihnen möglich, den Hund mit Ihrer Hand zu unterstützen.

Der Hund steht angeleint vor Ihnen und Sie geben das Kommando „Sitz“. Nimmt der Hund das Kommando an und setzt sich,

Optimale „Sitz“-Haltung: Beim „Sitz“ sind die Vorderbeine des Hundes aufgerichtet und das Gesäß liegt am Boden auf.

Das Bild zeigt, wie der BGS-Welpe von der Führerin mit Druck auf die Kruppe unterstützt wird.

ist kein weiteres Einwirken notwendig. Sie reagieren sofort mit gesprochenem Lob und als zusätzliche Motivation erhält der Hund ein Leckerli.

WICHTIG! Sofort reagieren

Das Lob und das Leckerli müssen innerhalb von fünf Sekunden (ab Einnahme der korrekten Haltung) verabreicht werden.

Zeigt der Hund jedoch nicht die gewünschte Reaktion (das Sitz), so wird er mit leichtem Fingerdruck auf die Kruppe zum Absitzen animiert.

Die Unterstützungshandlung (Kruppendruck) hat innerhalb von 5 Sekunden (ab gesprochenem Kommando) zu erfolgen. Damit verknüpft der Hund das Kommando mit der Handlung.

Ist der Hund nach Ihrem Einwirken in der Sitz-Position, so loben Sie ihn wie oben beschrieben.

HINWEIS! Leckerlis bereithalten

Wenn Sie zur zusätzlichen Motivation Leckerlis verwenden, sollten Sie diese bereits vor der Kommandogabe in Ihrer rechten Hand haben.

Damit können Sie Ihre Reaktionszeit (5 Sekunden) für das Lob einhalten. Wenn Sie das Leckerli erst aus der Tasche holen müssen, verlieren Sie unnötig Zeit. Möglicherweise steht Ihr Hund dann schon wieder auf. Dann würden Sie den Hund mit dem Leckerli belohnen, wenn er schon wieder steht. Das wäre dann eine falsche Verknüpfung!

Trainieren Sie das „Sitz“ in allen erdenklichen Situationen: Beim Spaziergang, beim Treffen mit anderen Personen oder beim Einkauf. Im Training ist darauf zu achten, dass die Sitzzeiten verlängert werden. Mit Fortdauer des Trainings ist diese Dauer auszudehnen.

Ziel ist es, dass der Hund so lange im „Sitz“ bleibt, bis Sie das Kommando auflösen. Das heißt für Sie, Sie fordern den Hund dazu auf, das „Sitz“ aufzugeben (z. B. mit dem Kommando „Fuß“ oder „Hier“).

Eine zusätzliche Trainingsvariante für das Verlängern der Sitzzeiten ist: Der Hund ist angeleint und wird mit Kommando zum „Sitz“ aufgefordert. Hat der Hund die Position eingenommen, gehen Sie um den Hund herum. Das steigert die Aufmerksamkeit des Hundes.

Funktioniert diese Übung einwandfrei und ohne zusätzliche Einwirkung auf das erste Kommando, so können Sie zum nächsten Schritt übergehen. Ergänzen Sie nun das gesprochene Kommando mit dem dafür vorgesehenen Sichtzeichen.

„Sitz“ mit Kommando und Sichtzeichen

Das Sichtzeichen für „Sitz“ ist der erhobene Zeigefinger. Der Hund hat das gesprochene Kommando verinnerlicht und muss nun in weiterer Folge die Bedeutung des Sichtzeichens kennenlernen und mit Ihrer Erwartung verknüpfen lernen.

Trainingsablauf

Der Hund wird vorerst an der Leine geführt und mit dem gesprochenen Kommando **„Sssitz“** zur Einnahme der gewünschten Stellung aufgefordert. Gleichzeitig führen Sie Ihre freie Hand vor Ihren Körper, damit diese eindeutig und klar sichtbar für den Hund ist. Dabei wird der Zeigefinger deutlich und für den Hund gut erkennbar erhoben.

Es spielt grundsätzlich keine Rolle, welche Hand Sie für das Sitzzeichen verwenden. Der Hund muss zukünftig den Zeigefinger als Kommandogeber für das „Sitz“ verknüpfen.

Auch dieser Trainingsablauf ist oftmals zu üben, damit in weiterer Folge nur mehr das Sichtzeichen zum Einsatz kommen muss.

Zur Festigung des Sitzzeichens können Sie auch hier, wie auf dem Foto dargestellt, mit dem erhobenen Zeigefinger um den Hund herumgehen.

Um das „Sitz" weiter zu festigen, erhöhen Sie den Schwierigkeitsgrad für die Gehorsamsausbildung. Diese Steigerung erfolgt durch das bewusste Herbeiführen von Ablenkungen. Das Herbeiführen von Ablenkungen erhöht Ihre Konzentration auf den Hund, da Sie jederzeit damit rechnen müssen, dass der Hund Ihr Kommando auflösen will.

„Sitz" mit Ablenkungen

Das „Sitz" haben Sie nun also ausgiebig mit Ihrem Hund geübt und es funktioniert bereits sehr gut. Der Hund geht mit gesprochenem Kommando und/oder mit Sitzzeichen in die gewünschte Position.

Wie steht es aber um Ihren Hund, wenn er mit Ablenkungen konfrontiert wird? Wenn z. B. andere Hunde in der Nähe sind oder sich Besuch ankündigt? Auch in diesen Situationen muss der Hund auf erstes Kommando die Sitzposition einnehmen.

Um solche Situationen zu trainieren, sind **Ablenkungen bewusst** herbeizuführen. Diese

Ablenkungen werden Ihren Hund im „Sitz“ festigen.

Zweifelsohne ist es schwieriger, unter diesen Umständen die volle Aufmerksamkeit Ihres Hundes auf sich zu lenken. Der Hund hat naturgegeben Tendenzen, sich z. B. einem Spielgefährten zu widmen anstatt dem Kommando zu folgen.

Unterstützen Sie Ihren Hund anfänglich mit Druck auf die Kruppe und führen Sie den Hund an der Leine.

Das Bild unten zeigt den Trainingsablauf: Zwei Hunde sind bereits im „Sitz“ und eine Hundeführerin nähert sich den Gespannen. Das hinzukommende Gespann soll in einem Abstand von ca. 1,5 Metern ebenfalls die Sitzposition einnehmen. Wie das Bild zeigt, sind die zwei älteren Hunde ruhig und entspannt im Sitz. Der hinzukommende Hund muss mit Druck auf die Kruppe zum Sitz unterstützt werden.

Da der Hund an der Leine ist, können Sie sehr gut auf ihn einwirken. Am Anfang lösen Sie das „Sitz“ nach einer Minute durch ein „Fuß“ auf und verlassen den Ort. In weiterer Folge sind die Sitzzeiten mit Ablenkung zu verlängern und die Abstände unter den Hunden zu verringern.

Eine weitere Ablenkungssteigerung können Sie dadurch erreichen, dass Ihr Hund im „Sitz“ ist und vor Ihnen weitere Hund frei laufen.

HINWEIS! Seien Sie versichert:

Mit ausreichender Konsequenz wird sich das gewünschte Ergebnis einstellen!

„Sitz“ mit Ablenkung ohne Leine

Für die weitere Festigung des Grundgehorsams in Bezug auf den Ausbildungsschritt „Sitz mit Ablenkung“ wird das Kommando für „Sitz“ gegeben, ohne dass der Hund angeleint ist. Weitere Gespanne gesellen sich hinzu und bilden eine Reihe. Der Abstand zwischen den Hunden soll am Anfang ca. 3 Meter betragen, im Verlauf der Übung wird dieser sukzessive verringert. Es ist darauf zu achten, dass Sie die volle Aufmerksamkeit von Ihrem Hund haben. Nur so können Sie erfolgreich und effektiv auf den Hund einwirken.

Werden diese Aufgaben und Trainingsabläufe wie gewünscht ausgeführt, so können wir den Grad der Ablenkung nochmals steigern. Es wird Bewegung in das Training eingebaut. Auch in einer solchen Situation muss Ihr Hund ruhig und gelassen sitzen bleiben bzw. ruhig und exakt neben Ihnen an der Leine oder ohne Leine „Fuß“ gehen.

Die Schlangenlinien-Aufstellung

Dafür eignet sich ein Gruppentraining. Die Hunde sind an der Leine und im „Sitz“ neben den führenden Personen. Ein Gespann

mit einem angeleinten Hund geht in Schlangenlinie durch die Gespanne. Durch dieses Gespann in Bewegung wird eine sehr intensive Ablenkung für die sitzenden Hunde geschaffen. Dieses Training festigt einerseits den Gehorsam im „Sitz“ und gleichzeitig die Leinenführigkeit.

Wenn Sie diesen Trainingsablauf mehrmals geübt haben, werden Sie merken, dass sich Ihr Hund daran gewöhnt hat. Reagiert Ihr Hund gelassen auf diese Ablenkung, kann im weiteren Training auf das Anleinen verzichtet werden.

Nur mit Konsequenz und permanenter Übung stellt sich der gewünschte Erfolg ein

und Ihr Hund wird in jeder Situation Ihrem Kommando ohne Zwang und Druck Folge leisten.

TIPP! Konsequentes Üben in der Gruppe

Gerade im Gruppentraining ergeben sich fortlaufend Möglichkeiten zur bewussten Herbeiführungen von Ablenkungen. Seien Sie konsequent, der Hund gewöhnt sich daran und wird Ihre Konsequenz mit Gehorsam quittieren.

„Platz" – verschiedene Trainingsvarianten

Das „Platz-Gehen" ist ein elementarer Ausbildungsschritt für die Zusammenarbeit mit Ihrem Hund. Der Hund muss sich ruhig und entspannt ablegen lassen, ohne selbstständig wieder aufzustehen.

Die gewünschte Platzposition des Hundes ist:

- die Vorderläufe sind nach vorne gestreckt
- die Hinterläufe sind angewinkelt
- der komplette Körper liegt am Boden auf
- der Kopf kann erhoben oder aber auch am Boden liegen

„Platz" mit Decke

Erste Bekanntschaft mit „Platz" hat der Hund bereits in der 9. bis 12. Lebenswoche (Prägung im neuen Heim, siehe ab S. 21) erhalten. Zunächst wurde das Kommando „Platz!" spielerisch geübt, dazu wurde sein Körbchen und damit sein zugewiesener Liegeplatz verwendet.

In der nächsten Phase der Ausbildung lernt der Hund durch gezieltes Training auf verschiedenem (für den Hund ungefährlichem) Untergrund, dass er auf erstes Kom-

mando die Platzstellung einnehmen soll und diese nicht selbstständig auflösen darf.

Als Erleichterung können Sie das zunächst auch auf einer Unterlage (Decke) trainieren. Das ist für den Hund eine zusätzliche Verknüpfung mit dem Platz.

„Platz" - mit Druck auf „Widerrist"

Bei dieser Variante ist der Hund angeleint. Die Leine wird am Boden ausgelegt und Sie stehen oder knien auf der am Boden liegenden Leine. Dadurch kann sich der Hund nicht aus Ihrem Einflussbereich entziehen.

Der Hund sitzt vor Ihnen und Sie geben das Kommando „Platz". Gleichzeitig drücken Sie mit der Hand, am besten mit dem Finger, auf den Widerrist. Dadurch unterstützen Sie Ihren Hund dabei, zu Boden zu gehen.

„Platz" mit gesprochenem Kommando und Vorderläufe nach vorne ziehen

Auch hier ist der Hund an der Leine und Sie stehen oder knien mit einem Fuß auf dieser. Danach bücken Sie sich zum Hund, geben das Kommando „Platz" und ziehen ihm gleichzeitig die Vorderläufe nach vorne. Dabei wird der Hund auf den Boden gelegt. Mit dem Fingerdruck auf den Widerrist unterstützen Sie auch hier die Motivation. Liegt der Hund im „Platz", wird er wieder gelobt.

HINWEIS! Nicht übertreiben

Übertreiben Sie anfänglich nicht, sollte sich Ihr Hund auf den Rücken drehen, lösen Sie die Situation sofort auf und lassen Sie ihn aufsitzen.

„Platz" unter dem Bein

Das ist eine weitere Möglichkeit, den Hund in die „Platz"-Position zu bringen: Die hundeführende Person setzt sich dabei auf den Boden. Ein Bein wird angezogen, damit der Abstand zwischen dem Boden und dem Bein groß genug ist, sodass der Hund darunter Platz hat.

Der Hund ist angeleint und in der Hand befinden sich Leckerlis. Die Hand mit den

Leckerlis lockt den Hund unter das aufgestellte Bein, da er seine Belohnung haben möchte. Ist der Hund nun unter dem Bein, wird dieses gesenkt, damit der Hund zu Boden gehen muss. Nun quittieren Sie diese Aktion mit „Platz" und der Hund erhält als Belohnung das Leckerli.

Halten Sie Ihren Hund vorerst nur für wenige Sekunden unter dem Bein (ohne hohen Druck) und geben Sie ihn dann sofort wieder frei. Wiederholen Sie diesen Übungsaufbau mehrmals (3–5 Wiederholungen). Schon bald wird der Hund spielerisch eine Verknüpfung herstellen.

Verlängerung der „Platz"-Zeiten

Der Hund sollte durch das Training das gesprochene Kommando „Platz" mit der einzunehmenden Position verknüpft haben. Wenn Sie das Kommando geben, nimmt der Hund die richtige Stellung ein. Tut er dies nicht sogleich, haben Sie wiederum 5 Sekunden Zeit, ihn mit Druck auf den Widerrist dazu „aufzufordern".

Mit fortlaufendem Training steigern sich auch die „Platz"-Zeiten. Werden es am Trainingsbeginn einige wenige Sekunden sein, so soll der Hund letztendlich so lange liegen bleiben, bis Sie das „Platz" auflösen. Um das zu trainieren, empfiehlt es sich, für den Hund eine Decke und für sich selbst einen Stuhl vorzubereiten. Sie führen nun den Hund zur Decke und lassen ihn „Platz" gehen. Als Belohnung erhält er ein Leckerli. Sie können sich in unmittelbarer Nähe auf den Stuhl setzen und den Hund beobachten. Zur Ritualisierung legen Sie die Leine am Rücken des Hundes ab. Damit soll er verknüpfen, dass „Platz" ruhig liegen bedeutet (genauere Beschreibung siehe S. 64). Sollte sich der Hund erheben, so geben Sie wieder das Kommando „Platz". Der Hund darf niemals den Befehl selbstständig auflösen!

Beginnen Sie mit einer Dauer von 30 Sekunden und steigern Sie kontinuierlich die „Platz"-Zeiten. Mit Fortdauer der Übung entfernen Sie sich immer weiter von der „Platz"-Position Ihres Hundes.

„Platz" mit Entfernen

Das Ziel soll sein, dass Sie den Hund ablegen und Sie dabei für den Hund nicht sichtig sind. Auch hier muss der Hund im „Platz" verharren, bis Sie wiederkommen, wobei er Ihnen anfänglich höchstwahrscheinlich folgen wird. Daher empfiehlt es sich, dass Sie sich so positionieren, dass Sie den Hund sehen können, er aber nicht Sie.

Sollte nun der Hund seine „Platz"-Position auflösen, geben Sie das Kommando „Platz" erneut. Entfernt sich der Hund vom „Platz" bzw. folgt Ihnen, so kehren Sie mit dem Hund

Übungsanordnung: „Platz" im Wald mit Hilfsperson

zurück, geben nochmals das Kommando und legen ihn an der gleichen Stelle ab.

Diese Übung sollte im Wald auf einer Forststraße geübt werden. Sie finden in den Randzonen nämlich leichter Deckungsmöglichkeiten. Als Unterstützung sollten Sie eine weitere Person hinzuziehen, welche nicht sichtig hinter dem abgelegten Hund positioniert wird. Sollte der Hund, sobald Sie sich entfernt haben, aufstehen, kann die weitere Person sofort mit dem Kommando „Platz" einwirken.

Diese Übungsanordnung ist immer wieder zu trainieren. Nutzen Sie dafür Gelegenheiten beim Spazierengehen oder im Revier. Zur Unterstützung, wie auch zur Ritualisierung, können Sie Ihren Rucksack, eine Decke oder den Hubertusmantel beim Hund ablegen.

Beachten Sie dabei:

- Windrichtung
- Hilfsperson nicht sichtig für Hund
- Hundeführer nicht sichtig für Hund
- Ablegezeiten steigern
- Ablenkungen schaffen

„Platz" mit Sichtzeichen

Wie schon beim Kommando „Sitz" soll auch das gesprochene Kommando „Platz" mit einem Sichtzeichen ergänzt bzw. später ersetzt werden. Das empfohlene Sichtzeichen ist eine gestreckte Hand, wobei die Handfläche parallel zum Boden zeigt.

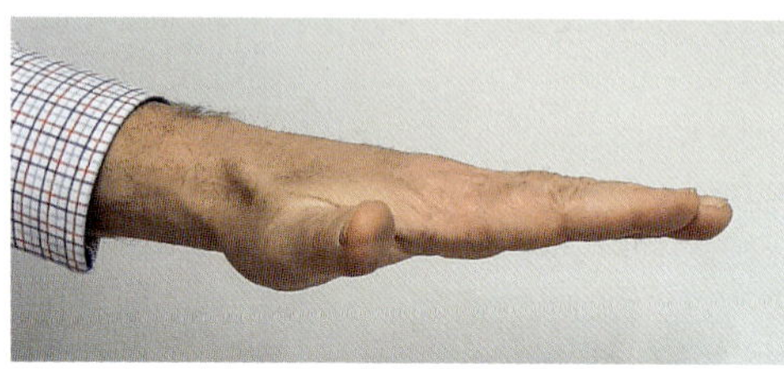

Ablauf: Sie ergänzen das gesprochene Kommando „Platz" um das Sichtzeichen mit Ihrer Hand. Nach mehrmaligen Wiederholungen sollte der Hund die Verknüpfung zum Sichtzeichen hergestellt haben, sodass Sie in weiterer Folge nur mehr das Sichtzeichen geben müssen, damit sich der Hund in die Platzposition begibt.

„Platz" aus der Bewegung

Im jagdlichen Betrieb ist es immer wieder notwendig, den Hund aus der Bewegung heraus abzulegen. Der Trainingsablauf hierfür ist wie folgt: Sie führen Ihren Hund an der Leine, während der Gehbewegung geben Sie das Kommando „Platz" mit gleichzeitigem Sichtzeichen. Der Hund hat sofort die „Platzstellung" einzunehmen.

Die Leine wird dabei zur Ritualisierung auf den Rücken des Hundes geworfen, Sie gehen weiter.

HINWEIS! Erfahrung aus der Ausbildungspraxis

Nicht immer wird es beim ersten Mal funktionieren, haben Sie aber Geduld und üben Sie konsequent.

Als Unterstützung können Sie auch die Decke nutzen, die Sie schon beim „Platz"-Training genutzt haben. Sie legen die Decke (oder einen Wetterfleck/Hubertusmantel) ab und bewegen sich mit dem Hund Richtung Decke. Der Hund geht über die Decke und direkt dort geben Sie dann das Kommando „Platz" mit gleichzeitigem Sichtzeichen.

Ziel: Der Hund reagiert ausschließlich auf Sichtzeichen und wird aus der Bewegung heraus abgelegt. Sie können sich problemlos vom Hund entfernen und er bleibt im „Platz". Nach einer Wartezeit kehren Sie zum Hund zurück und erst wenn Sie rechts neben ihm stehen, lösen Sie das „Platz" mit einem „Sitz" auf. Bei fehlerfreier Ausführung werden Sie den Hund ausgiebig loben.

„Platz" mit Triller

Beispiel: Sie streifen mit Ihrem Hund durch das Revier und es quert völlig unerwartet ein Reh Ihren Weg. Der Hund ist nicht angeleint. Dem angewölften Trieb entsprechend, hetzt der Hund dem Reh nach. Die ruhige Pirsch ist vorbei und Sie versuchen, Ihren Hund mit dem Kommando „Hier" oder auch mit Doppelpfiff abzurufen. Der Hund reagiert nicht und kommt erst nach einiger Zeit zu Ihnen zurück.

Diese Schilderung zeigt Ihnen, dass neben dem Ablegen aus der Bewegung, mit Kommando oder Sichtzeichen, dem Hund auch der Gehorsam am Wild beizubringen ist. Im geschilderten Erlebnis würde das bedeuten, dass Sie Ihren Hund im Ansatz des Hetzens noch stoppen können.

Der Hund hat in der vorangegangenen Ausbildung das „Platz“ mit Kommando oder Sichtzeichen und das „Platz“ aus der Bewegung verinnerlicht.

Der nächste Schritt ist, den Hund mittels Triller abzulegen. Dabei soll er vorerst verknüpfen, dass der Triller die gleiche Bedeutung wie das Kommando „Platz“ hat. Das Training erfolgt wie in der Grafik auf der vorigen Seite dargestellt.

Sie gehen mit Ihrem Hund „Frei bei Fuß“ in Richtung abgelegter Decke. Ist der Hund genau auf der Decke, geben Sie mit Ihrer Pfeife den Triller, in Kombination mit dem Handzeichen „Platz“. Der Hund hat „Platz“ zu gehen.

Sie gehen einfach weiter. Im nächsten Schritt können Sie das Sichtzeichen weglassen und nur noch mit dem Triller zum „Platz“-Gehen auffordern. Wiederholen Sie diese Trainingsanordnung immer wieder. Auch bei Spaziergängen üben Sie mit dem Triller.

Wenn der Hund den Triller als zusätzliche Aufforderung für „Platz“ angenommen hat, so folgt der nächste Ausbildungsschritt.

Ablegen („Platz“) in größerer Entfernung

Wenn der Hund, wie im Beispiel geschildert, umherhetzt oder in einem größeren Abstand zu Ihnen „Platz“ gehen soll, nutzen Sie für das Training am besten ein großes Wiesengelände. Am Gelände üben Sie zuerst zweimal das Ablegen mit „Triller“. Danach lassen Sie Ihren Hund frei laufen, sodass ein größerer Abstand zwischen Ihnen und Ihrem Hund entsteht. Sie beobachten den Hund und trillern – in einem Moment, in dem der Hund in voller Bewegung ist.

Das erwünschte Verhalten ist, dass der Hund sofort „Platz“ geht. Zeigt Ihr Hund nach dem zweiten Mal nicht das gewünschte Verhalten, so trainieren Sie nochmals das Ablegen in einer „Frei-bei-Fuß“-Situation unter Verwendung des Trillers.

Ist das Ablegen mit Triller nun gefestigt, trainieren Sie mit einer ca. 30–40 Meter langen **Feldleine.** Beim Laufen über die Wiese zieht der Hund diese mit sich. Der Einsatz des Trillers erfolgt wie bereits zuvor geschildert. Reagiert der Hund wiederum nicht auf den Triller, so können Sie nun mit der Feldleine einwirken. Auf den Triller erfolgt sofort der Zug an der Feldleine. Das stoppt den Hund in seiner Bewegung, sodass der Hund nach nochmaligem Triller „Platz“ geht.

Sie können dieses Ablegen aus der Bewegung auch so trainieren:

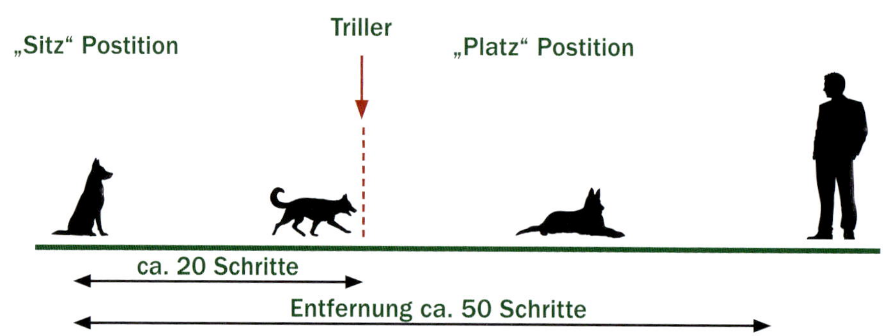

Sie geben dem Hund das Kommando „Sitz“ und entfernen sich ca. 50 Schritte von Ihrem Hund. Danach rufen Sie ihn ab und trillern nach ca. 20 Schritten des Hundes.

Der Hund sollte aus der Bewegung heraus „Platz“ gehen. Für diese Übung muss natürlich zuerst das „Abrufen“ (siehe S. 30) funktionieren. Damit sind Sie in der Lage, den Hund auch in größerer Entfernung aus der Bewegung heraus abzulegen.

Das Abrufen („Hier“) aus der Entfernung und mit Sichtzeichen

Bereits ab der 10. Lebenswoche haben Sie mit dem Welpen spielerische Übungen zum Abrufen durchgeführt. Auch das Abrufen mit Unterstützung einer langen Leine haben Sie ausgiebig geübt (siehe S. 31). Sobald das „Hier“ bereits ohne zusätzliches Heranziehen funktioniert, folgt der nächste Trainingsschritt.

Nun lassen Sie Ihren Hund absitzen und entfernen sich ca. 3 Meter. Danach rufen Sie ihn ab. Wieder machen Sie sich klein und erwarten den Hund mit einem Leckerli. Sollte das nicht funktionieren, da Ihr Hund eigene Pläne hat, unterstützen Sie ihn wieder mit der Leine.

Der nächste Übungsschritt

Sie gehen mit Ihrem Hund in den Garten oder auf eine eingezäunte Fläche und lassen ihn herumtollen. Gleichzeitig verstecken Sie sich. Nach einiger Zeit wird Ihr Hund Sie suchen. Sie unterstützen ihn dabei mit einem gesprochenen „**Hier**“. Hat er Sie gefunden, so machen Sie sich klein und loben ihn.

Es lohnt sich, diese Übungsanordnungen mehrmals zu wiederholen. Schon bald wird der Hund verknüpfen, dass das Kommen belohnt wird.

Abrufen mit ausgestreckten Armen

Absitzen vor dem Führer mit Sichtzeichen

Nach Absitzen geht der Hund hinter dem Führer herum

Endposition: „Sitz" auf der linken Seite

„Hier" Im Revier

Sie sind mit dem Hund im Revier unterwegs und lassen ihn ohne Leine laufen. Er wird sich vor Ihnen bewegen. Ändern Sie immer wieder die Richtung und geben dabei den Befehl „Hier". Sie werden sehen, Ihr Hund wird Ihnen folgen. Auch hier wird Lob unterstützen und motivieren.

Die Fotos 1–4 zeigen den Ablauf und das erwünschte Verhalten des Hundes:

- Abrufen mit Sichtzeichen.
- Hund sitzt vor hundeführender Person ab.
- Der Hund wird mit Kommando **„Bei Fuß"** aufgefordert, er soll die hundeführende Person umkreisen und links neben ihr wieder in den „Platz" gehen. Das kann mit einem Leckerli in der Hand unterstützt werden und lenkt den Hund um die hundeführende Person herum.
- Endposition

Abrufen mit Sichtzeichen und Pfeife

Im jagdlichen Betrieb, z. B. bei der Feldsuche, arbeitet Ihr Hund außerhalb Ihres direkten Einwirkungsbereiches. Daher ist es notwendig, das **„Hier"-Kommando** auch mit Sicht- und Lautzeichen zu unterstützen.

Für die Lautzeichen wird eine Pfeife verwendet. Der **Doppelpfiff** mit der Pfeife bedeutet: **Der Hund soll kommen.**

Abrufen des Hundes aus Sitzposition mit Sichtzeichen und Pfeife

In weiterer Folge verknüpft der Hund, dass er bei Doppelpfiff zu Ihnen kommen muss. Nutzen Sie hier wieder die lange Leine und lassen den Hund in einiger Entfernung absitzen. Statt dem gesprochenen **„Hier“** wird nun der Doppelpfiff eingesetzt. Wieder ziehen Sie Ihren Hund sanft, aber bestimmt her zu sich.

Nach einigen Wiederholungen hat Ihr Hund die Bedeutung des Doppelpfiffs mit dem „Hier“-Kommando verknüpft.

Nach einigen erfolgreichen Übungen ergänzen Sie den Doppelpfiff mit dem **Sichtzeichen.**

Dafür stellen Sie sich mit seitlich waagrecht **ausgestrecken Armen** hin.

„Hier“ (Kommen) und Absitzen

Mit dieser Übung wollen Sie erreichen, dass der Hund beim Kommen vor Ihnen in das „Sitz“ geht. Dazu unterstützen Sie Ihren Hund wieder mit dem leichten Druck auf die Kruppe.

Wenn der Hund der Aufforderung folgt und vor Ihnen in das „Sitz“ geht, wird er belohnt. Anschließend wird das Kommen um das seitliche Absitzen ergänzt.

Wenn der Hund kommt und vor Ihnen absitzt, soll er sich nach dem darauffolgenden Kommando **„Fuß“** um Sie herumbewegen und danach an der linken Körperseite in das „Sitz“ gehen (siehe auch Grafik im Bild 3 auf der Seite gegenüber).

Das „Hintenherumgehen“ können Sie damit unterstützen, dass Sie ein Leckerli in der geschlossenen linken Hand halten. Damit weisen Sie Ihrem Hund den Weg um Sie herum. Wenn er links neben Ihnen absitzt, erhält er das Leckerli.

Steigerung: „Hier“ mit Ablenkung

Wenn Ihr Hund das **„Hier“**-Kommando perfekt befolgt, ist es an der Zeit, dieses Kommando mit bewusst herbeigeführten Ablenkungen zu festigen. Für diese Übung suchen Sie sich eine hundeführende Person mit Hund. Der Hund sollte Ihnen allerdings

Hund an der Leine, um Abrufen zu unterstützen

bekannt sein. Ihren Hund führen Sie dabei an der langen Leine. Er wird versuchen, zu seinem Spielkameraden zu gelangen.

Lassen Sie ihn ruhig, er darf sich dem anderen Hund annähern und auch kurz mit ihm spielen. Wenn die Aufmerksamkeit Ihres Hundes auf den Spielkameraden gerichtet ist, fordern Sie ihn mit „**Hier**“ auf, zu Ihnen zu kommen. Nutzen Sie am Anfang wieder Ihre Leine für das schnelle Reagieren.

Führen Sie diese Ablenkungen bewusst und so oft wie möglich herbei. Das Ziel ist es, dass der Hund ohne Leinenunterstützung auf Ihr erstes Kommando zu Ihnen kommt.

Die Anforderungen an das Hundegespann im jagdlichen Einsatz oder auch in der Gesellschaft sind vielfältig. Das alleinige Ziel muss sein, dass die hundeführende Person allzeit souverän agieren kann. Dadurch wird es möglich, sich in jeder Situation der Aufmerksamkeit des Hundes sicher sein zu können.

Es ist erforderlich, den Hund ohne unnötigen Druck in jeder Situation entsprechend motivieren und lenken zu können.

ZUSAMMENFASSUNG! Ausbildungsstufen

- Kommandotraining ohne Ablenkungen
- Anwendung von Sichtzeichen und Pfeiflauten, ohne Ablenkungen
- freie Arbeit ohne Leine
- Kommandotraining in der Gruppe, an der Leine

In all diesen Stufen haben Sie klarzustellen, dass Sie der „Rudelführer“ sind. Gerade wenn Ihr Hund in die Pubertätsphase kommt (7. bis 12. Monat), werden Sie feststellen, dass der Hund die Grenzen verschieben will.

WEITERE STEIGERUNG DURCH ABLENKUNGEN BEIM TRAINING VON KOMMANDOS

Wenn die einzelnen Übungen und Kommandos beim Einzeltraining gut funktionieren, stellt sich die Frage, wie gehorsam Ihr Hund bei intensiven Ablenkungsreizen ist.

Ablenkungen sind:

- Bekannte, Freunde, Familienmitglieder
- andere bekannte Hunde
- Veränderung der Trainingsörtlichkeit
- Spaziergang durch die Ortschaft, Shoppingcenter und dgl.

In all diesen Fällen muss Ihr Hund Ihre Kommandos ausführen. Seien Sie hartnäckig! Sie werden sehen, dass Ihr Hund dadurch an Erfahrungen gewinnt und Eindrücke sammelt.

Wie schon ausführlich beschrieben, dienen bewusst herbeigeführte Ablenkungen der Festigung des Gehorsams. Gerade die gemeinsame Arbeit mit anderen Hunden hilft Ihnen, Ihren Hund noch besser kennenzulernen.

In diesen Situationen können Sie intensiv Kommandos trainieren und die Reaktion Ihres Hundes beobachten. Benutzen Sie anfänglich die Leine als Unterstützung, damit Sie auf Ihren Hund einwirken und Fehlverhalten gleich im Ansatz verhindern können.

Nachfolgend einige Bilder von verschiedenen Trainingsvariationen zum Grundgehorsam mit unterschiedlichen Ablenkungen:

„Sitz“ alleine mit weiterem Hund; zusätzliche Erschwernis: Schnee

„Sitz" in einer Gruppenaufstellung

„Platz" in der Gruppe

Ablegen vor Trainingsstart

Trotz Ablenkung links und rechts vom Hund soll der Hund hier den notwendigen Grundgehorsam aufweisen und entspannt neben Ihnen im Sitz sein.

Durch das ständige Training mit Ablenkungen wird der Grundgehorsam gefestigt und das verlässliche Verhalten des Hundes gefördert. Sie gewinnen auch persönlich durch das Gruppentraining: Sie lernen von und mit den anderen Gespannen. Und das wesentlichste Element ist, dass Sie von Ihren eigenen Fehlern und den Fehlern der anderen profitieren können – Anpassungen und Korrekturen inklusive.

„Sitz“ (oder auch „Platz“) ohne Leine; hundeführende Person etwas entfernt vom Hund

Angeleintes Führen durch die Gruppe

ZUSAMMENFASSUNG! Gehorsams-Ausbildung

- konsequentes Handeln
- Reaktionszeiten beachten
- Aufmerksamkeit des Hundes sichern
- für Grundgehorsam: zunächst Einzeltraining
- für die Festigung: Gruppentraining
- Ablenkungen schaffen

Um die Trainingsleistungen für den Grundgehorsam zu bewerten, habe ich das nachfolgende Formular erstellt. Damit können Sie die einzelnen Kommandos, die Grundgehorsamsfächer und das Verhalten einfach dokumentieren.

Checkliste Grundgehorsam

Datum:		Trainings-Nr.:		Wind:		schwach		stark
Wetter:		Temperatur:		Gelände:		Wiese		Wald
Trainings-Dauer:		Ort:		Ablenkungen		ja		nein
Hund:				Bewertung	0	unzureichend	1	genügend
Führer:					2	befriedigend	3	gut
Begleitperson:					4	sehr gut		sonstiges

UZ	**Kommando:**	Notizen
	Sitz	
	Platz	
	Abrufen	
	Ablegen	

UZ	**Bei Fuß:**	Notizen
	mit Leine	
	ohne Leine	
	Platz aus Bewegung	

UZ	**Sichtzeichen:**	Notizen
	Sitz	
	Platz	
	abrufen	

UZ	**Verhalten:**	Notizen
	nimmt an	
	korrigiert sich	
	Einwirken notwendig	
	führende Person	

UZ	**Eindruck:**	Notizen
	konzentriert	
	ruhig	
	Führigkeit	
	Kommando-Annahme	
	gesamt	

KOMMANDOTRAINING – WENN SICH FEHLER EINGESCHLICHEN HABEN

Es kann immer wieder vorkommen, dass sich ein Fehlverhalten einschleicht. Wichtig ist, zu erkennen, warum der Hund ein nicht erwünschtes Verhalten zeigt, um daraus lernen zu können.

Wie schon mehrmals erwähnt, haben Sie als hundeführende Person in der Ausbildungsphase **5 Sekunden** Zeit, um auf ein Verhalten mit Lob oder Tadel zu reagieren. In dieser kurzen Zeitspanne verknüpft der Hund seine Handlung mit Ihrer Reaktion.

Grundsätzlich ist das Ziel, dass Ihr Hund jegliches Kommando sofort ausführt.

WICHTIG! Entscheidend für Ihren Erfolg:

Bleiben Sie stets ruhig und gelassen!

Beispiele für mögliches Fehlverhalten und Korrekturmaßnahmen

Keine Reaktion auf „Sitz"

Geben Sie das Kommando **„Sitz"**, so hat der Hund sofort in das „Sitz" zu gehen. Lassen Sie zu, dass der Hund erst bei der dritten Aufforderung die gewünschte Position einnimmt, so merkt sich das der Hund und wird in weiterer Folge immer so handeln.

Reagieren Sie daher sofort, wenn der Hund bei gesprochenem Kommando, Sichtzeichen und akustischer Unterstützung (Pfeife), nicht entsprechend handelt. Beim Kommando **„Sitz" wäre das der Druck auf die Kruppe als Unterstützung.**

Der Hund entfernt sich trotz „Hier", Doppelpfiff oder Sichtzeichen

Es kann vorkommen, dass Ihr Hund sich, sobald er nicht in Ihrem unmittelbaren Einwirkungsbereich ist, anderen Dingen widmet und nicht entsprechend auf Ihre Kommandos reagiert.

Erst nach einiger Zeit kehrt er wieder zu Ihnen zurück. Sie sind natürlich verärgert und wollen ihn maßregeln.

WICHTIG!

Tun Sie es nicht! Der Hund würde damit verknüpfen, dass er beim Kommen getadelt wird. Daraus resultiert eine mögliche Scheu, direkt zu Ihnen zu kommen.

Machen Sie das „Kommen" zu einem freudigen Erlebnis. Der Hund muss das Gefühl haben, dass das Zurückkehren belohnt wird. Gehen Sie eventuell einen Schritt retour und üben mit der langen Leine, um das Kommen zu festigen.

Auflösen der „Platz"-Stellung

Das „Platz" hat im jagdlichen Betrieb besondere Bedeutung. Ein eigenständiges Auflösen der „Platz"-Stellung durch den Hund darf nicht erfolgen. Legen Sie Ihren Hund vorerst sichtig ab, danach steigern Sie die Entfernung und verändern auch die Sichtigkeit.

Gestalten Sie das „Platz" angenehm, indem Sie für das Ablegen eine Decke oder ein Hilfsmittel Ihrer Wahl nutzen. Sollte der Hund Ihnen bei nicht sichtigem Ablegen trotzdem folgen, kehren Sie zum Hund zurück und legen Sie ihn wieder am gleichen Platz ab. Bringt das nicht den gewünschten Erfolg, ziehen Sie eine weitere Person hinzu.

Der Hund zieht an der Leine

Im Training stellen Sie fest, dass der Hund beim Gehen an der Leine immer wieder daran zieht, also nach vorne will. Das ist nicht nur lästig, sondern absolut nicht gewünscht. Wie können Sie dem Hund das Ziehen an der Leine abgewöhnen und zum gewünschten Verhalten überführen?

Geschwindigkeit beim „Bei-Fuß"-Gehen variieren

- Dabei drosseln Sie Ihr Gehtempo (langsames Gehen wie beim Pirschen) und veranlassen auch den Hund, dieses Tempo einzuhalten.
- Kombiniert mit dem Kommando **„Langsam"** können Sie auch hier eine Verknüpfung beim Hund herstellen.
- Damit haben Sie auch ein weiteres Kommando auf der Fährte.

Kommando „Sitz" bei zu großer Geschwindigkeit

- Wird der Hund zu schnell, geben Sie das Kommando **„Sitz"**.
- Hat er das „Sitz" eingenommen, gehen Sie wieder weiter.
- Diesen Ablauf halten Sie so lange durch, bis der Hund sich auf Ihre Gehgeschwindigkeit einstellt.

Führt das nicht zum Erfolg, nutzen Sie den nachfolgenden Korrekturverlauf:

Leinenschlinge um den Bauch

- Dabei ist eine längere Leine an der Halsung befestig, die entlang des Rückens führt.
- Im Bereich der Hinterläufe wird die Leine so um den Bauch gelegt, dass ein Zug am Bauch entstehen kann.
- Will der Hund nun Tempo aufnehmen, so spannt sich die Leine um seinen Bauch.

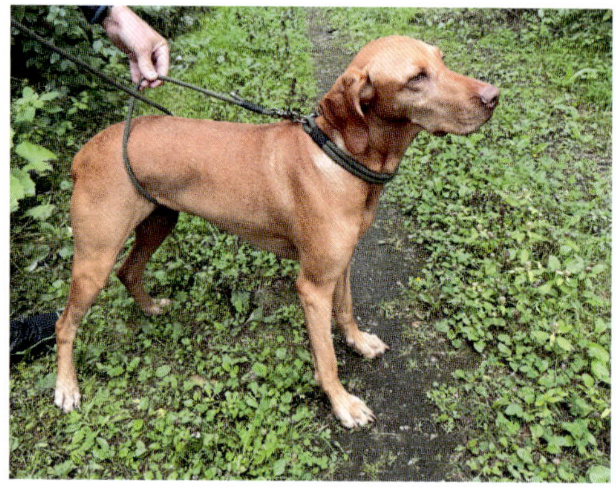

- Das wiederum führt dazu, dass der Hund langsamer wird.

Wenn der Hund wieder anzieht, können Sie ihn mit dieser Maßnahme sehr gut regulieren. Durch das einfache Ziehen an der Leine wird Druck durch die Schlinge um den Bauch aufgebaut. Das ist für den Hund unangenehm, aber nicht schmerzhaft.

HINWEIS! Achtung bei Rüden

Passen Sie bei Rüden auf das Geschröte und das Feuchtglied auf. Es darf hier zu keinen schmerzhaften Beeinträchtigungen kommen, wenn Sie an der Leine ziehen.

Es kann bei der ersten Anwendung zu folgenden Verhaltensweisen kommen:

- der Hund dreht sich zur Seite
- der Hund bleibt stehen
- der Hund will sich aus dieser Anordnung lösen

Sie können die geschilderten Verhaltensweisen derart auflösen, dass Sie die Leine wieder etwas freigeben und Ihren Hund mit dem Kommando **„Bei Fuß“** auffordern, Ihnen zu folgen. Zusätzlich können Sie ihn mit einem Leckerli dazu anspornen.

Nach mehrmaligem konsequentem Training sollte sich der Erfolg einstellen.

DAS RITUALISIEREN VON ALLTAGSSITUATIONEN UND KOMMANDOS

Grundsätzliches

Immer wiederkehrende Situationen sollen ritualisiert werden. Das dient dem Grundgehorsam und erleichtert die Zusammenarbeit und das Zusammenleben zwischen Mensch und Hund.

Schon im vorigen Kapitel wurde darauf hingewiesen, wie wichtig Rituale sowohl im Alltag als auch in der Erziehung und Ausbildung von Hunden sind (siehe z. B. S. 24). Der Hund lernt hauptsächlich über seinen Sehsinn und durch Nachahmung sowie durch Erfahrungen. Diesen Umstand sollten Sie sich auch in der Ritualisierung von Kommandos zunutze machen.

Durch sichtbare und klar erkennbare Handlungen und Abfolgen von aneinandergereihten Tätigkeiten geben Sie dem Hund unmissverständlich zu erkennen, was Sie von ihm erwarten. Für den Hund erleichtert diese Standardisierung, die zusätzlich mit positiven Emotionen verbunden wird, die Anpassung an die damit verknüpfte Aufgabenstellung.

Läuten der Haustürglocke

Es soll vorkommen, dass Hunde beim Läuten der Hausglocke bellend und springend zur Haustüre stürmen, um die Besucher meist zwar freudig, aber dennoch zu bedrängen. Für Hundefreunde ist das vielleicht kein Problem, aber trotzdem ist es unangenehm, wenn der Hund sich mit den Pfoten auf der Bekleidung verewigt.

Sie können daher nur mit einem gezielten Ablauf das Verhalten Ihres Hundes zum gewünschten Verhalten lenken.

Beispiel: Der Hund bellt und stürmt zur Tür

- Fordern Sie ihn zum „Sitz“ auf.
- Beruhigen Sie ihn und führen Sie ihn zu seinem Liegeplatz, dort wird er abgelegt.
- Gehen Sie alleine zur Tür und begrüßen die Gäste.

- Danach kehren Sie zum Hund zurück, legen die Leine an und gehen gemeinsam mit dem Hund zu den Neuankömmlingen.
- Geben Sie dem Hund das Kommando „**Sitz**" und führen Sie die weitere Begrüßung durch.
- Danach führen Sie den Hund zum Liegeplatz und legen ihn ab.

Zu aufwendig? Ich denke nicht, denn wenn das Verhalten ritualisiert ist (und belohnt wird), wird sich die „Ruhe" von selbst einstellen und der Hund das von Ihnen gewünschte Verhalten an den Tag legen.

Es ist für Mensch und Tier so viel angenehmer, wenn gewisse Abläufe routiniert sind. Manche dienen der Sicherheit und dem Schutz des Hundes (siehe auch S. 24, Beispiel „Aus dem Auto holen"), andere erleichtern die Arbeitsleistungen. Der Hund weiß somit genau, was von ihm erwartet wird.

„Platz"-Ritual: Leine am Rücken

Das „Platz" mit Leine am Rücken

Um das Kommando „**Platz**" zu ritualisieren, gehen Sie mit dem Hund an der Leine und geben das Sichtzeichen (eventuell auch verbunden mit dem gesprochenen Kommando) für „Platz". Der Hund begibt sich in die korrekte „Platz"-Haltung. Ist der Hund in der Endposition, werfen Sie die Leine auf seinen Rücken (wie am Foto gezeigt). Achten Sie dabei darauf, dass Sie immer den gleichen Ablauf anwenden.

Das „Platz" mit der Leine am Rücken des Hundes signalisiert dem Hund, dass er im „Platz" verharren muss und erst nach Ihrer Rückkehr die „Platz"-Position auflösen darf.

Das Ablegen unter dem Hochsitz

Ein weiteres Bespiel eines standardisierten Rituals ist die Pirsch mit dem Hund an der Leine zum Hochsitz. Dort folgt das Auslegen der Hundedecke (oder des Wetterflecks/des Hubertusmantels) und der Hund wird mit dem Sichtzeichen für „Platz" auf die Decke verwiesen. Der Hund weiß nun, dass er ruhig unter dem Hochsitz auf Sie warten muss.

Abgelegt am Hochsitz

WEITERE GRUNDLAGEN FÜR DIE JAGDLICHE AUSBILDUNG

Neben der Ausbildung den Gehorsam betreffend sind für die jagdliche Ausbildung weitere Grundlagen zu schaffen, damit Sie als Gespann erfolgreich trainieren können.

Ruhe und Gelassenheit

Der Jagdhund sollte über ausgewogene Ruhe und Gelassenheit verfügen. Geben Sie Ihrem Hund die Möglichkeit, diese zu erlernen. Sei es beim Training wie auch in den Ruhephasen. Vermeiden Sie übertriebene Hektik oder ein zu langes Training. Oftmals können Kinder durch ständiges „Aufstacheln" des Hundes dazu beitragen, dass die Ruhe des Hundes verloren geht. Achten Sie darauf und stimmen Sie sich mit den Familienmitgliedern dahingehend ab.

Wasserkontakt

Für den ersten Wasserkontakt lassen Sie den Welpen Rinnsale erkunden. Achten Sie aber darauf, dass es zu keinen übertriebenen und unkontrollierten Erfahrungen kommt. Wichtig dabei ist, dass es spielerische und positive Erfahrungen für den Welpen sind.

Wetterbedingungen

Nutzen Sie unterschiedliche Witterungen für Revier- und Spaziergänge. An Regen, Wind und Schnee sollte sich der Hund wohldosiert gewöhnen können.

Gelände und Böden

Der Jagdhund kommt an den unterschiedlichsten Orten und Bodenbeschaffenheiten zum Einsatz. Geben Sie dem Welpen in der Prägung bereits die Möglichkeit, verschiedene Boden- und Geländeformen kennenzulernen. Auch hier immer unter Ihrem kontrollierenden Auge, damit der Hund keine negativen Erfahrungen sammelt.

Verändern Sie beim Trainieren immer wieder den Ort und das Gelände. Ihr Hund gewöhnt sich sehr schnell an den Trainingsort und die damit verbundenen, an ihn gestellten Aufgaben. Der Gewöhnungseffekt wird durch die örtliche Veränderung unterbunden und Ihr Hund bleibt aufmerksamer. Beginnen Sie das Training in einem leichten Gelände. Mit Fortdauer der Ausbildung können Sie die Schwierigkeit steigern, was die Geländeformen und die Beschaffenheiten betrifft.

Klassifizierung des Übungsgeländes

Grundsätzlich müssen Sie sich dem vorhandenen und zur Verfügung stehenden Gelände anpassen. Die Klassifizierung soll Sie als „Wegweiser" unterstützen und als Anhaltspunkt dienen.

	Beschreibung	Beispiele
Leichtes Gelände 	eben übersichtlich wenig Bewuchs Wiese wenig Verleitungen kaum Laub	abgeerntete Wiese Forstwege aufgelichteter Wald Wiese wenig Verleitungen kaum Laub
Mittelschweres Gelände 	kupiertes Gelände wenig Bewuchs nicht zu viel Laub Verleitungen	hügeliges Gelände kurzer Wiesenbewuchs kombiniert mit lichtem Wald Geländesprünge
Schweres Gelände 	kupiertes Gelände mit Bewuchs Laub Verleitungen dichterer Baumbestand Wasser	aufgelichteter Wald Zonen mit Dickungen Bachläufe Geländesprünge Wildwechsel

TIPP! Achten Sie auf:

- Windverhältnisse
- Einflüsse von Störungen
- Erreichbarkeit
- Abstimmung mit Grundbesitzer
- Abstimmung mit Jägern

Kontakt mit Bringwild

Für die Jagdhundeausbildung ist es in Zukunft notwendig, dass Sie ausreichend über Bringwild verfügen (erlegte Tiere wie Hase, Kaninchen, Ente, Marder, Fuchs). Für die Gewöhnung an den Wildgeruch eignen sich auch Reh- und Rotwildhäupter, Sauschwarte, Fuchsbalg oder Schalenwildläufe. Geben Sie Ihrem Hund die Möglichkeit, das Wild kennenzulernen. Es ist wichtig, dass der Hund gezielt den Geruch von Wildtieren, mit denen er in Zukunft zu tun haben wird, kennenlernen kann. Das Ziel ist, dass der Hund sich dem Wild ohne Druck nähert und es interessiert untersucht.

Dem Hund Richtung geben

Für die spätere Ausbildung, gerade bei Vorstehhunden, die eine Freiverlorensuche leisten müssen, ist es von Vorteil, den Hund schon in früher Ausbildungsphase in die Suchenrichtung einzuweisen.

Dabei wird, wie das Bild oben zeigt, dem Hund signalisiert, in welche Richtung er laufen soll. Die ausgestreckte Hand zeigt dem Hund die Suchrichtung an. Es ist wichtig, dass der Hund sich darauf konzentriert. Nach Ihrem Kommando sollte der Hund in die von Ihnen gewünschte Richtung laufen.

Durch das richtige Einweisen und das Vertrauen Ihres Hundes darauf, dass er in dieser Richtung etwas finden wird, wird er es immer wieder annehmen. Durch dieses Training können Sie die Erfolge als Gespann steigern.

Richtung geben benötigt man jedenfalls bei folgenden Prüfungen:

- Freiverloren
- Stöbern
- Feldsuche
- Bringtreue

Gestaltung der Übung

Sie trainieren auf einer Wiese mit höherem Bewuchs, damit das ausgelegte Apportel oder Bringwild nicht vom Hund eräugt werden kann. Sie stehen mit Ihrem Hund ca. 10 Schritte vom zu findenden Gegenstand entfernt. Danach weisen Sie den Hund in die Richtung des Bringwildes ein (siehe Fotos oben).

Mit dem Kommando „**Such**" geben Sie den Hund frei. Der Hund sollte in die vorgegebene Richtung laufen und als Erfolg findet er das Bringwild. Durch den Findenerfolg wird er in weiterer Folge Ihrer Richtungseinweisung vertrauen.

Sollte es am Anfang zu Problemen kommen, so arbeiten Sie mit einem für den Hund sichtig ausgelegten Bringwild auf kurze

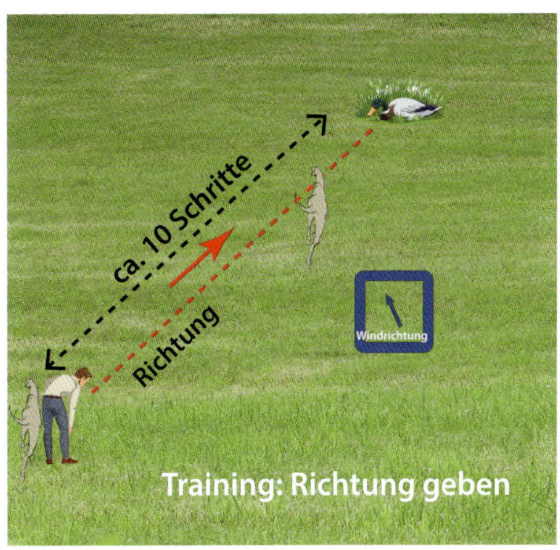

Distanzen. Funktioniert nun die gezielte Richtungsgebung, können Sie auf nicht sichtig ausgelegtes Bringwild umstellen und die Entfernungen steigern.

- 15 Schritte
- 20 Schritte
- 30 Schritte
- 50 Schritte

Wiederholen Sie dieses Training, bis Ihr Hund verlässlich in die angezeigte Richtung läuft. Verändern Sie die Trainingsorte und beachten Sie bitte, dass es speziell am Anfang des Trainings zu keinen unerwünschten Ablenkungen kommt.

JAGDHUNDSPEZIFISCHE SPEZIALISIERUNG

Verschiedene Jagdgebrauchshunde

Der Grundgehorsam ist eingearbeitet und Sie bilden mit dem Hund bereits ein Team. Nun folgt der nächste logische Schritt, der die rassespezifischen Eigenschaften stärkt.

Jagdgebrauchshunde werden laut FCI in folgende Gruppen eingeteilt:

- FCI 3: Terrier
- FCI 4: Dachshunde
- FCI 6: Schweißhunde
  - Laufhunde
  - Bracken
- FCI 7: Vorstehhunde
- FCI 8: Apportierhunde
  - Stöberhunde

Daher empfiehlt es sich, das Training auf den rassespezifischen jagdlichen Einsatz abzustimmen, um dem Hund das gewünschte Verhalten anzutrainieren.

Entsprechend der Prüfungsordnungen der Prüfungsvereine bzw. Rassenvereine müssen die Hunde die darin vorgesehenen Prüfungsfächer absolvieren. So ist es z. B. für einen Dachshund nicht notwendig, das Apportieren zu beherrschen. Für einen Vorsteh- oder Apportierhund jedoch ist das Apportieren ein Muss. In Summe gibt es daher unterschiedliche Arbeits- und Prüfungsfächer.

Beispiel Nachsuchenarbeit

Der gut ausgebildete Hund ist vor und nach dem Schuss ein unverzichtbarer Partner im Revier. Allen Hunden ist aber eine besondere Eigenschaft angeboren, nämlich eine hervorragende **Nasenleistung!** Die Eigenschaft des Hundes als „Nasenjäger“ nutzen wir ganz besonders in der **Nachsuchenarbeit**. um die es in diesem Buch ab dem nächsten Kapitel geht.

Jagdgebrauchshunde sind Arbeitshunde. Für alle diese Jagdhunderassen ist eine gezielte Ausbildung für die Nachsuchenarbeit notwendig. Bei allen diesen Rassen sind in den Prüfungsordnungen Schweißarbeiten vorgesehen. Daher ist es notwendig, Welpen bereits zwischen der 13. und 15. Lebenswoche, also noch in der Prägungsphase für die Ausbildung, für die spätere Nachsuchenarbeit zu konditionieren und die notwendigen Grundlagen zu legen. Dazu zählen das Anschusstraining, die Schleppe mit Wildbretteilen sowie die Dokumentation des Trainings.

ANSCHUSSTRAINING

Der Anschuss ist der Ausgangspunkt der Nachsuchenarbeit und ihm ist daher große Aufmerksamkeit zu widmen. In der jagdlichen Praxis gibt der Anschuss über den Verletzungsgrad, die mögliche Fluchtfährte, die Fährtenlänge und auch über den Schwierigkeitsgrad der bevorstehenden Nachsuche des beschossenen Wildes Auskunft.

Um eine richtige Deutung des Anschusses vornehmen zu können, ist eine gründliche Untersuchung durch die führende Person notwendig.

Ihr Hund ist in dieser Ausbildungsphase noch nicht in der Lage, eine Beziehung zum Anschuss herzustellen bzw. zu erkennen, welche Bedeutung ein Anschuss für ihn hat. Bei den Übungsschleppen (Futterschleppen, siehe ab S. 31) wurde der Welpe stets am Schleppenanfang angesetzt. Durch die Futterstücke wurde er angespornt, die Schleppe auszuarbeiten, um zur Futterschüssel zu gelangen.

In diesem Trainingsabschnitt wird der Hund auf die Ausarbeitung des Anschusses und die Verknüpfung mit dem Kommando „**Such Verwundt**“ eingearbeitet.

Das Ziel ist es, dass der Hund das Kommando „Such Verwundt“ annimmt, den Anschuss untersucht und dem Fährtenabgang folgt. Das sind die notwendigen Grundlagen für die spätere Fährtenarbeit. Mit der entsprechenden Einarbeitung kann der Hund das gewünschte Verhalten zeigen.

Grundsätzliches zum Anschusstraining

Wenn Sie später mit Ihrem Hund zu einer Nachsuche gerufen werden, zeigt die Schützin oder der Schütze Ihnen den Anschuss. Sie werden diesen untersuchen und Ihre Rückschlüsse daraus ziehen. Der Hund wird angesetzt und eine hoffentlich erfolgreiche Nachsuche beginnt. Doch bis es so weit ist, ist viel Übung nötig. Wichtig ist es, sich vorerst den Ablauf des Anschusstrainings zu verdeutlichen und beim Training selbst ständig wiederkehrende Rituale einzuhalten.

Die verkürzte Beschreibung des Ablaufes beinhaltet folgende Fragen:

- Legen des Trainingsanschusses (Frankfurter Anschuss)
- Wie verhalten Sie sich bei der Untersuchung des Anschusses?
- Wo ist der Hund während Ihrer Anschussuntersuchung?
- Wann und wie nähern Sie sich mit dem Hund dem Anschuss?
- Wie verhalten Sie sich am Anschuss und beim Ansetzen des Hundes?

Ich empfehle Standardisierung und Rituale:

- Für den gemeinsamen Erfolg sollten Sie Abläufe standardisieren.
- Durch die immer wiederkehrend gleichen Handlungen entsteht ein emotionalisiertes Ritual.
- Damit geben Sie Ihnen und dem Hund Sicherheit, da diese Handlungen zu einer Automatisierung der Abläufe führen.

Das wird für das Anschusstraining benötigt:

- Leine
- Halsung oder Geschirr
- Schweißflasche
- Schweiß (Rotwildschweiß oder künstlichen Schweiß)
- Frankfurterscheiben
- Markierstock
- Futterschüssel

TIPP! Ersatz für Frankfurterscheiben

Statt den Frankfurterscheiben können Sie auch **Käsestücke** oder kleine **Leberstücke** verwenden. Testen Sie, welche Fährtenbelohnung der Hund annimmt.
Sollte aber auch das nicht funktionieren, so verwenden Sie bereits für das Anschusstraining Fährtenschuhe (siehe S. 107, 122). Das Erstellen des Anschusses erfolgt dann ebenfalls schon mit FS und Wildschalen.

Der „Frankfurter-Anschuss“

Für das Training kann der Anschuss aus Frankfurterscheiben und Rotwildschweiß, der in diesem Bereich aufgetropft wird, bestehen.

Für den Anschuss wählen Sie einen kurz geschnittenen Wiesenbereich, gerne auch Ihren Garten, der jedenfalls keinerlei Ablenkungen für den Hund bereithält.

Das Anlegen des Frankfurter-Anschusses

Die Frankfurterscheiben werden in Form eines Quadrates, Seitenlänge ca. 25 cm, ausgelegt. Der Schweiß wird entlang der Außenkanten und diagonal getropft. In der nachfolgenden Grafik ist der Schweiß

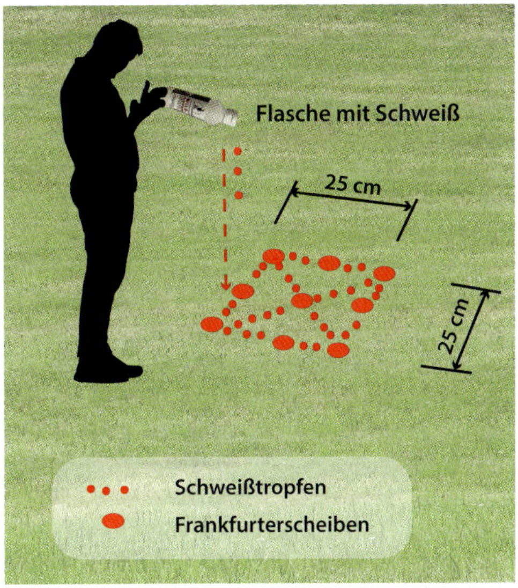

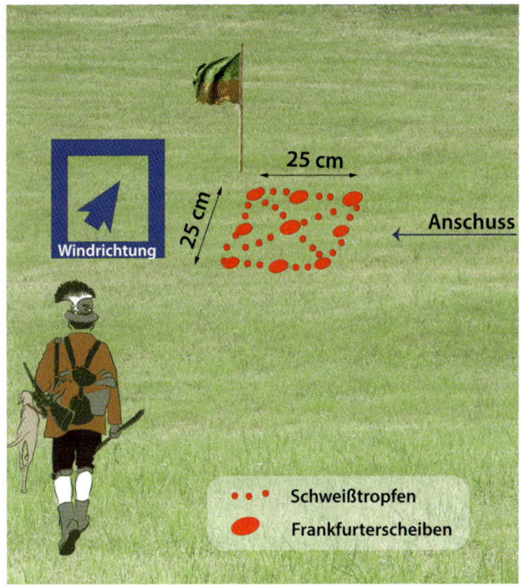

als punktierte Linie dargestellt. Der Hund wird während des Anlegens des Anschusses nicht sichtig abgelegt. Mit dem Markierstock kennzeichnen Sie den von Ihnen hergestellten Anschuss. Der Markierstock erleichtert es Ihnen, den Anschuss leicht wiederzufinden.

Beachten Sie die Windrichtung. Die Annäherung zum Anschuss erfolgt mit Nackenwind. Nach dem Anlegen lassen Sie bis zur Ausarbeitung ca. 15–20 Minuten verstreichen. Der Hund wird an der kurzen Leine geführt und ca. 3–5 Meter vom Anschuss entfernt abgelegt. Sie untersuchen den Anschuss und kehren zum Hund zurück. Mit dem Hund an der Leine gehen Sie zum Anschuss.

Mit dem Kommando „**Such Verwundt**" und zur Unterstützung durch Fingerzeig in Richtung der Frankfurterscheiben wird der Hund animiert, den Anschuss zu untersuchen. Der Hund sollte vom Duftcocktail aus Schweiß und Frankfurterscheiben angeregt die Futterstücke finden, aufnehmen und fressen. Hat der Hund alle Scheiben gefunden, so ziehen Sie ihn an der Leine vom Anschuss ab. Durch das Abziehen an der Leine, während er noch weitersuchen will, soll das Verlangen des Hundes zur Weitersuche gesteigert werden. **Lob nicht vergessen!**

WICHTIG! Wiederholung & Rituale

Rituale erleichtern die Kommunikation zwischen führender Person und Hund. Der Hund verknüpft mit dem Ritual eine Emotion und damit das erwünschte Verhalten.

Bevor ich erkläre, wie weitere Übungs-Anschüsse angelegt werden (siehe „Frankfurter Anschuss mit angehängter Kurzfährte", ab S. 73), möchte ich auf die möglichst standardisiert durchzuführenden Verhaltensweisen, die für das Anschusstraining so wichtig sind, eingehen.

Das Ritual für den Fährtenstart

Der Hund erhält seine Schweißhalsung oder das Geschirr angelegt. Der Riemen wird ab-

gedockt und ausgelegt. Danach wird der Riemen am Wirbelhaken befestigt.

Dieses Ritual ist ab dem ersten Training anzuwenden. Das gilt auch für die nachfolgenden Empfehlungen bezüglich Anschussuntersuchung. Achten Sie darauf, dass der Ablauf und damit die Rituale mit positiven Emotionen aufgeladen werden. Spannung und Freude sind notwendig, damit Ihr Hund die Arbeit freudig, ausdauernd und erfolgreich ausführt.

Am Anschuss

Gemeinsam gehen Sie am kurz gegriffenen Riemen zum Ablegeplatz vor dem Anschuss (ca. 3–5 Schritte vom Anschuss entfernt). Am Ablegeplatz wird der Hund mit Kommando zum Platz aufgefordert. Die hundeführende Person geht zum Anschuss und untersucht diesen. Danach kehren Sie zum Hund zurück und gehen mit dem Hund zum Anschuss.

Anhand dieser Beispiele können Sie erkennen, dass diese „Ritualisierung" nicht nur dem Hund die Sicherheit gibt, klar zu wissen, was von ihm erwartet wird. Auch Sie selbst verinnerlichen diese Rituale auf diese Art.

Die Anschussuntersuchung

Der Hund wird während der Anschussuntersuchung ca. 3–5 Schritte vom Anschuss entfernt abgelegt. Der Hund muss verlässlich an seinem Ablegeplatz verbleiben und sollte die Untersuchung interessiert beobachten. Während Sie den Anschuss untersuchen, sprechen Sie mit dem Hund, um sein Interesse zu wecken.

Das könnte sich so anhören: „Schau, da ist der Anschuss." Oder: „Bocki suchen" …

Mit dem Hund zum Anschuss

Nach Ihrer Untersuchung des Anschusses kehren Sie zu Ihrem Hund zurück. Gemeinsam gehen Sie mit Ihrem Hund am kurz gegriffenen Riemen zum Anschuss.

Am Anschuss fordern Sie ihn mit dem Kommando **„Such Verwundt"** und mit Fingerzeig in Richtung Boden auf, den Anschuss zu untersuchen.

Geben Sie dem Hund ausreichend Zeit, um den Anschuss präzise mit seiner Nase

untersuchen zu können. Mit der intensiven Untersuchung kann der Hund die Duftbotenstoffe (Duftcocktail, genauere Informationen dazu siehe S. 88–90) durch seine Nase aufnehmen.

Die intensive und ruhige Untersuchung des Anschusses durch den Hund ist ein wesentlicher Bestandteil für die spätere erfolgreiche Fährtenarbeit.

Im Anschluss folgen nun weitere Varianten für das Anschusstraining, das in verschiedenen Schwierigkeitsgraden erfolgen kann.

Erweitertes Anschusstraining

Legen Sie in einem Abstand von ca. 4–5 Schritten in gleicher Art und Weise 4 Anschüsse an. Nackenwind beim Annähern beachten. Lassen Sie zwischen der Ausarbeitung der einzelnen Anschüsse ca. 15–20 Minuten verstreichen. Sie werden erkennen, dass Ihr Hund rasch begriffen hat, dass er beim Kommando **„Such Verwundt"** Frankfurter findet und auch den Schweiß damit verknüpft. Sollte sich beim ersten Mal nicht das gewünschte Ergebnis einstellen, wiederholen Sie diese Übung am nächsten Tag.

Frankfurter Anschuss mit angehängter Kurzfährte

Die zuvor beschriebene Übung wird nun um eine angehängte künstliche Kurzfährte ergänzt. Damit vermitteln Sie Ihrem Hund, dass es, abgesehen vom Anschuss, noch eine Fährte auszuarbeiten gilt. Und er lernt, dass es nach dem Anschuss auch einen Fährtenabgang gibt.

Der Fährtenabgang wird ebenfalls mit Frankfurterscheiben in einem Abstand von ca. 20 cm angelegt. Zusätzlich wird der Fährtenabgang auf den ersten 2 Schritten mit getropftem Schweiß versehen. Am Ende wird eine gefüllte Futterschüssel abgestellt.

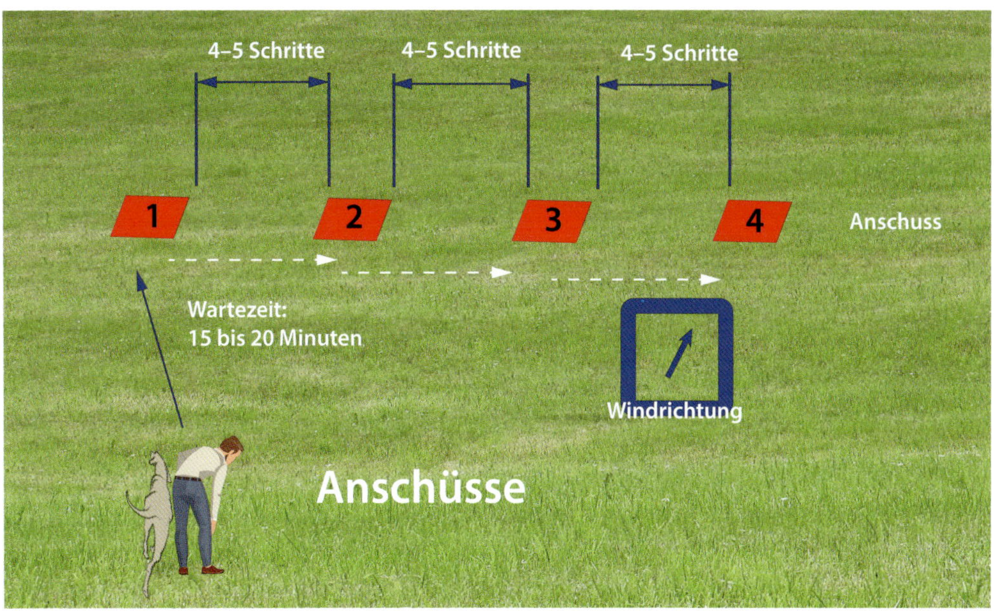

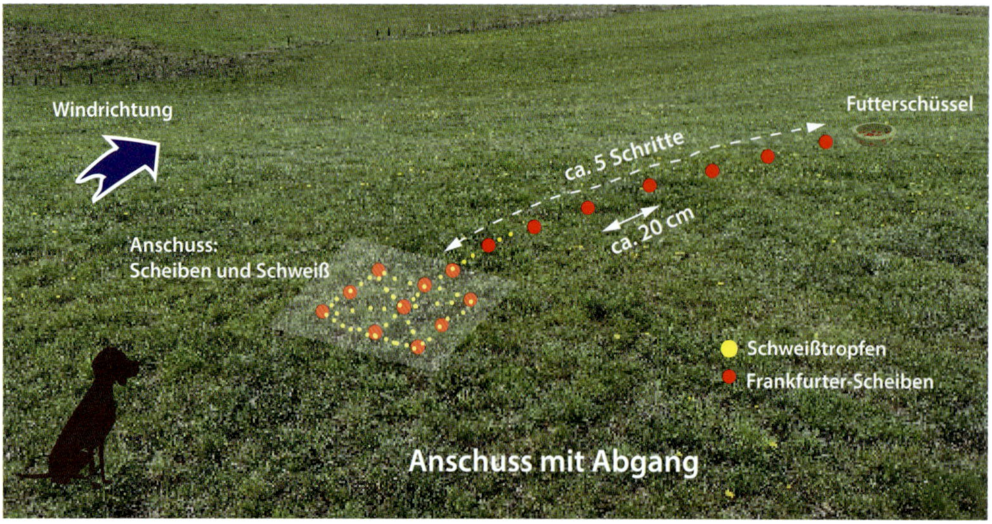

Das Ritual ist beizubehalten. Der Hund wird an der kurzen Leine geführt. Die Trainingslängen der Kurzfährten sind:

- 1. Training: 5 Schritte
- 2. Training: 8 Schritte

Sie können die Fährtenlänge auf 20 Schritte ausdehnen, wenn der Hund die ersten beiden Trainings erfolgreich gearbeitet hat.

Ziel ist es, dass der Hund den Anschuss mit Kommando „**Such verwundt**" ruhig und exakt ausarbeitet, die Futterstücke findet und die abgehende Fährte annimmt. Wurden diese Übungen vom Hund problemlos ausgeführt, ist er für den nächsten Übungsschritt bereit.

TIPP! Seitlich nähern

Nähern Sie sich dem Anschuss immer seitlich, nicht auf 06:00 Uhr, wenn der Fährtenabgang auf 12:00 Uhr angelegt wurde. Damit wird verhindert, dass der Hund versucht, die Fährte immer gerade über den Anschuss hinaus zu arbeiten. Es könnte ein **Gewöhnungseffekt** entstehen.

Zu beachten

- kurze Wiese
- keine Ablenkungen
- keine Verleitungen
- Windrichtung
- Stehzeit einhalten
- Kommando geben
- Hund soll ruhig und exakt den Anschuss nach den Frankfurterscheiben absuchen

TIPP! Lob spornt an

Versuchen Sie Ihren Hund anzuspornen. Vergessen Sie bei erfolgreicher Arbeit nicht auf ausgiebiges Loben!

SCHLEPPE MIT WILDBRETTEILEN FÜR DIE EINARBEITUNG IN DER NACHSUCHE

Der Hund wurde durch das bisherige Frankfurter-Anschuss-Training darauf konditioniert, mit tiefer Nase zu suchen. Die Kombination aus Bodenverwundung und Belohnung durch Frankfurterscheiben ist verinnerlicht.

Der Hund hat gelernt, dass er ohne Hast und exakt arbeiten muss, um die Belohnungen zu finden. Genau dieses Verhalten wird in der Nachsuchenarbeit benötigt. Wir starten nun mit dem nächsten Ausbildungsschritt, der **Arbeit mit Wild.**

Wird eine Trainingsfährte durch das Ziehen von Rehwild- und Rotwildteilen angelegt, nennt man das Schleppe.

Grundsätzliches zu Wildschleppen

Die Schleppenarbeit dient dazu, dass der Hund auf den Wildtiergeruch konditioniert wird. Das Schleppwild (Haupt von Reh- oder Rotwild, Haar- oder Federwild) wird an einer Schleppleine über den Boden gezogen. Damit wird der Wildgeruch auf den Boden übertragen.

Der Hund folgt dem Duftcocktail und findet am Ende der Schleppe die entsprechenden Wildbretteile. Aus der Kombination der gezielten Nasenarbeit gelangt der Hund zum Erfolg.

SCHLEPPENARBEIT AM LANGEN RIEMEN

Die Schleppe am langen Riemen dient zur weiteren Vorbereitung für die Nachsuchenarbeit. Im Gegensatz zum Schleppentraining für Vorsteh-, Apportier- und Stöberhunde, wo der Hund am Anschuss angesetzt wird und die Schleppe selbstständig ohne Riemen ausarbeitet, das Bringwild apportiert und der hundeführenden Person retourniert, wird der Hund bei der Schleppenarbeit am langen Riemen darauf konditioniert, dass er keine selbstständige Suche (ohne hundeführende Person, die am Anschuss bleibt) durchführt. Tiefe Nase und mäßiges Tempo sind auch hier vorausgesetzt.

Es ist daher wichtig, Vorsteh-, Apportier- und Stöberhunden durch ein **weiteres Ritual** zu signalisieren, dass es sich hier um eine Schleppenarbeit für die Ausbildung in der Nachsuchenarbeit handelt (und nicht um eine selbstständig auszuarbeitende Schleppe ohne Riemen mit Apportieren). Doch wie können Sie das dem Hund signalisieren?

In meinen Ausbildungskursen verwende ich dafür unterschiedliche Kommandos.

Schleppenarbeit für Vorsteh-, Apportier- und Stöberhunde

- **Kommando:** „Such Apport“
- **Ritual:** Am Anschuss verwende ich ein Apportierband, das ich um den Hals des Hundes lege. In Verbindung mit dem Kommando „Such Apport“ wird das Band gelöst und der Hund entsendet.

Schleppenarbeit für das Nachsuchentraining

Im Training für die **Nachsuchenarbeit** verwenden wir die bereits auf den S. 50, 64, 71 und 72 beschriebenen **Rituale**:

- Anriemen
- Ablegen vor Untersuchung des Anschusses

Und für den Start der Nachsuche das **Kommando**:

- „Such Verwundt"

DAS ANLEGEN DER SCHLEPPE

Folgende Grundregeln sind einzuhalten:

- Nackenwind
- Schleppwild an einer Leine ziehen, nicht sichtig für den Hund
- Haken markieren
- Anschuss markieren
- Standzeit ca. 15 Minuten

Die Schleppe wird mit einer Länge von ca. 100 Schritten angelegt. Am Ende wird das Schleppwild ohne die Ziehleine abgelegt.

Das Gelände

Für das Training ist ein übersichtliches Gelände mit kurzem Bewuchs von Vorteil. Randzonen oder Markierungen erleichtern es, den Schleppenverlauf im Blick zu behalten. Sie können sich damit besser auf die Arbeit konzentrieren.

Die bereits erfolgreich initialisierten Rituale werden für folgende Ablaufbereiche beibehalten:

- Vorbereitung vor der Arbeit
- Untersuchung des Anschusses
- zum Anschuss

Auf der Schleppe sollte der Abstand zwischen der hundeführenden Person und dem Hund ca. 7 Schritte betragen. Die Wildduftspur steigt auf und kann daher etwas versetzt neben dem tatsächlichen Schleppenverlauf sein. Es kann also vorkommen, dass der Hund etwas seitlich versetzt neben der gezogenen Schleppe arbeitet. Achten Sie bitte bereits beim Anlegen auf die Windverhältnisse. Die Windrichtung sollte so sein, dass die Witterung des Bringwildes vom Hund nicht schon am Anschuss wahrgenommen werden kann. Eine einfache Methode für die Windkontrolle ist, ein Papiertaschentuch an einem Markierstock zu befestigen. Derart vorbereitet haben Sie die Windverhältnisse stets im Blick.

Herstellen des Anschusses

Am Anschuss wird der Boden mit den Bergstiefeln aufgestoßen und es werden Haare des Wildes in dieser Narbe abgelegt. Zusätzlich markieren Sie den Anschuss zum leichteren Wiederfinden mit einem Markierstock.

Auf dem Bild ist zu sehen, wie der Schleppenleger das Wild mit einer Ziehleine hinter sich auf dem Boden nachzieht.

Der Hase wird mehrmals über den Anschussbereich gezogen oder auf den Boden gedrückt. Damit überträgt sich der Wildgeruch intensiver auf diesen Anschussbereich und der Hund kann diesen „Duftcocktail" besser durch die Nase aufnehmen.

Herstellen einer Schleppe mit Haken

Die erste Schleppe arbeiten Sie mit einem Haken und einer Gesamtlänge von ca. 100 Schritten. Das Wild wird mit einer Ziehleine über den Boden gezogen. Für das Ziehen eignen sich ein Rotwild- oder Rehwildhaupt. Als Alternative können Sie auch mit einem Hasen arbeiten.

Ziel: Der Hund arbeitet die Schleppe exakt, mit tiefer Nase und ohne Hast. Am Ende der Schleppe findet der Hund als Belohnung das ausgelegte Wild. Wichtig ist, dass der Hund am Stück ankommt. Der Hund soll auch ausreichend Zeit erhalten, dass Stück zu untersuchen. Danach wird der Hund abgetragen und mit Leckerlis belohnt.

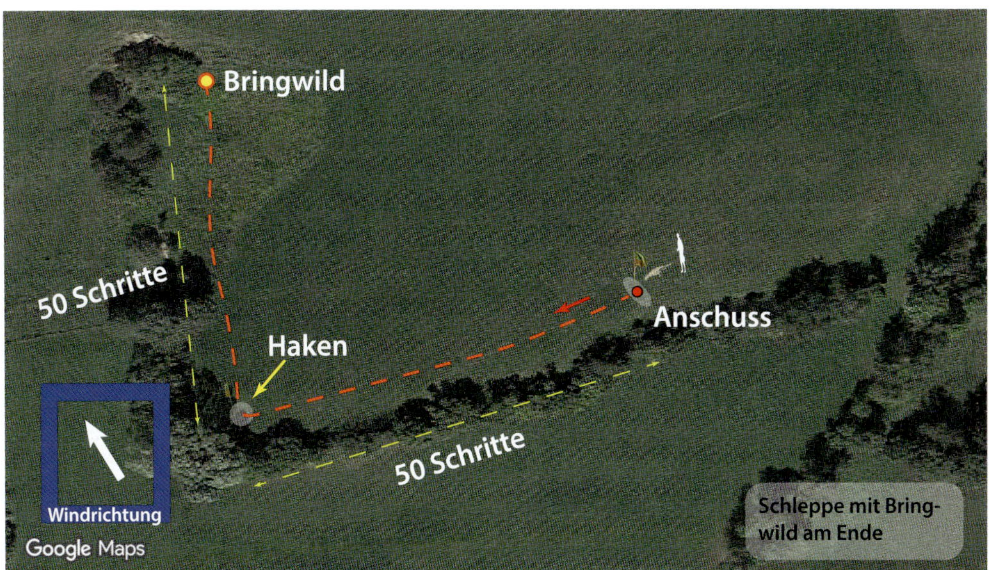

Bilder © 2026 Airbus,Bilder © 2026 Airbus,Maxar Technologies, Kartendaten © 2026

TRAININGSDOKUMENTATION

Wie schon am Anfang des Kapitels erwähnt (siehe S. 37), lässt eine konsequente Dokumentation einen umfassenden Rückblick auf das Training zu und erleichtert die spätere Analyse und Optimierung des Trainings.

Bewertung der Leistungen

Die Bewertung der Leistungen erfolgt mit Urteilsziffern, kurz als UZ bezeichnet. Die Urteilsziffern dienen Ihnen zur Bewertung der verschiedenen Grundgehorsam-Kommandos und der Arbeitsfächer.

Die Vergabe der Urteilsziffern folgt nicht dem Schulnotensystem, sondern erklärt sich wie folgt:

- 0 = ungenügend
- 1 = gerade noch
- 2 = befriedigend
- 3 = gut
- 4 = sehr gut

Alle Bewertungen sollten optimalerweise für die weitere Ausbildung auf **4** stehen. Seien Sie in der Bewertung kritisch, Beschönigung führt leider dazu, dass die notwendigen Grundlagen nicht ausreichend gefestigt werden.

- 0 = zurück an den Start
- 1 = hinterfragen notwendig
- 2 = Training intensivieren
- 3 = Anpassungen notwendig
- 4 = nächster Schritt

Arbeitsbereich	**UZ**	**erwünschtes Verhalten**
		Grundgehorsam
Absitzen des Hundes „Sitz“		sitzt auf erstes Kommando
Ablegen des Hundes „Platz“		liegt auf erstes Kommando
Abrufen des Hundes „Hier“		kommt sofort zur führenden Person
Leinenführigkeit „Fuß“		geht exakt neben führender Person
Frei-bei-Fuß		geht ohne Leine exakt neben führender Person
Summe		*20: optimal | 15: Training optimieren | 10: an Grundlagen arbeiten*

		Futter-, Wildbretschleppen
Abgang		nimmt diesen nach Einweisung an
Suche		tiefe Nase, konzentriert, langsam
Suchenwille		der Hund will finden und verliert nicht das Interesse
Arbeitsweise		ruhig, konzentriert und lässt sich lenken
Summe		*16: optimal | 12: Training optimieren | 8: an Grundlagen arbeiten*

Für Ihre Bewertung der Arbeitsbereiche Grundgehorsam und Schleppenarbeit können Sie die obigen Tabellen als Vorlage verwenden.

Haben Sie die maximale Punktezahl erreicht, sind Sie als Gespann für den nächsten Schritt bereit.

Bewerten Sie die Arbeitsleistungen mit insg. max. 15 bzw. 12 Punkten, sollten Sie an den einzelnen Leistungen feilen.

Erreichen Sie nur max. 10 bzw. 8 Punkte, sollten Sie Ihr Training, Ihr Verhalten im Training und das Ihres Hundes hinterfragen, analysieren und intensiv an den Grundlagen arbeiten.

Nur wenn das Fundament richtig gelegt ist, zahlt sich ein Weiterarbeiten aus. Die Gefahr besteht, dass Sie an den folgenden gestellten Aufgaben und Anforderungen scheitern.

MWT-Erfolgsformel

Nehmen Sie Rückschläge als Ansporn und nicht als Niederlage. Sie benötigen **Mut**, sich zu hinterfragen, den **Willen**, Veränderungen zu versuchen und die **Tatkraft**, um alles Nötige zu tun und umzusetzen.

M + W + T = Erfolg

Checkliste Trainingsdokumentation

Datum:		Trainings-Nr.:		Wind:		schwach		stark
Wetter:		Temperatur:		Gelände:		Wiese		Wald
Trainings-Dauer:		Ort:		Ablenkungen		ja		nein
Hund:				Bewertung (UZ)	0	unzureichend	1	genügend
Führer:					2	befriedigend	3	gut
Begleitperson:					4	sehr gut		sonstiges

UZ	**Kommando:**
	Sitz
	Platz
	Abrufen
	Ablegen

Notizen

UZ	**Bei Fuß:**
	mit Leine
	ohne Leine
	Platz aus Bewegung

Notizen

UZ	**Annahme Kommando:**
	sofort
	mehrmals
	keine Reaktion

Notizen

UZ	**Verhalten:**
	nimmt an
	korrigiert sich
	Einwirken notwendig
	führende Person

Notizen

UZ	**Eindruck:**
	konzentriert
	ruhig
	Führigkeit
	Kommando-Annahme
	gesamt

Notizen

Checkliste Schleppe ohne Verleitung

Datum:		Trainings-Nr.:		Wind:		schwach		stark
Wetter:		Temperatur:		Gelände:		Wiese		Wald
Trainings-Dauer:		Ort:		Ablenkungen		ja		nein
Hund:				Bewertung (UZ)	0	unzureichend	1	genügend
Führer:					2	befriedigend	3	gut
Begleitperson:					4	sehr gut		sonstiges

UZ	**Hund:**
	Ruhe
	Konzentration
	Anschuss
	Kommandos
	Haken
	Tempo
	Fährtenwille
	Ausdauer
	Riemenarbeit

Notizen

UZ	**FührerIn:**
	Vorbereitung
	Kommandos
	Anschuss
	Einweisung
	Verhalten
	Rituale

Notizen

UZ	**Schleppe:**
	Anlage
	Wind
	Örtlichkeit

Notizen

Skizze
zeichnen Sie hier Ihre Übungsanordnung ein

V. EINARBEITUNG AUF DER KÜNSTLICHEN FÄHRTE

AUSBILDUNGSSCHRITTE IM ÜBERBLICK

„Das Auffinden von beschossenem Wild ist der Antrieb, der erfolgreiche Abschluss das Ziel. Und die richtige Einarbeitung ist der Schlüssel zum Erfolg."

Einführung in die Nachsuchenarbeit

Bereich / Alter	16. Lebenswoche	17. Lebenswoche	18. Lebenswoche	19. Lebenswoche	20. Lebenswoche	21. Lebenswoche
Sozialisierung:						
Führende Person	den Hund und das eigene Verhalten analysieren	Training analysieren	Training analysieren | Feedback holen	Training analysieren | Anpassungen vornehmen		
Familie	Analyse abstimmen mit Familie					
Zuhause						
Umwelt	Ablegezeiten am Sitz steigern | im Revier pirschen	Hund während dem gesamten Ansitz angeleint ablegen			Hund während dem gesamten Ansitz unangeleint ablegen	
Artgenossen	Training mit anderen Hunden für Grundgehorsam	Training mit anderen Hunden für Grundgehorsam	Training mit anderen Hunden für Grundgehorsam	Training mit anderen Hunden für Grundgehorsam	Training mit anderen Hunden für Grundgehorsam	Training mit anderen Hunden für Grundgehorsam
Menschen						
Grundgehorsam:						
Fuß-Gehen	Training bei jedem Spaziergang und im Revier	ständiges Training und die Art variieren	ständiges Training und die Art variieren	ständiges Training und die Art variieren	ständiges Training und die Art variieren	
Sitz	mit Entfernung der führenden Person	ständig variieren	ständig variieren	ständig variieren	ständig variieren	
Platz	aus der Bewegung ablegen | mit Triller ablegen	Triller festigen	Trillereinsatz, wenn Hund freilaufend	Trillereinsatz, wenn Hund freilaufend	Trillereinsatz, wenn Hund frei laufend	

Bereich / Alter	16. Lebenswoche	17. Lebenswoche	18. Lebenswoche	19. Lebenswoche	20. Lebenswoche	21. Lebenswoche
Abrufen	Abrufentfernung steigern | am Feld abrufen	das Abrufen ständig variieren	das Abrufen ständig variieren	das Abrufen ständig variieren	das Abrufen ständig variieren	
Konditionierung	Hund ablegen und mit der Flinte schießen	50 Schritte an der Leine | 50 Schritte ohne Leine | ablegen | entfernen und Schussabgabe	Bekanntschaft mit Fuchs	Ablenkungen schaffen	Ablenkungen schaffen	
Nachsuche:						
Anschuss						
Schleppen	Steigerung					
Schleppenlänge			Schleppe mit Haupt			
Fährten	L-Fährte	U-Fährte	S-Fährte			
Verleitungen				M-Verleitung	E-Verleitung	S-Verleitung
Spezialisierung	Haupt am Ende der Schleppe ziehen					Verweiserpunkt trainieren
Dokumentation	Training dokumentieren	Training dokumentieren	Training dokumentieren	Training dokumentieren	Training dokumentieren	Training dokumentieren

DIE INTENSIVIERTE AUSBILDUNG: 16. BIS 21. LEBENSWOCHE

Die Basis für die Arbeit „Auf Roter Fährte“ wird bereits im Welpenalter gelegt. In dieser frühen Phase werden die **Grundlagen** für das später erfolgreiche Gespann konditioniert. Das Ziel muss sein, dass Ihr Hund

- mit mäßigem Tempo, ohne Hast
- mit tiefer Nase und
- exakt auf der Fährte arbeitet.

Mit dieser präzisen Arbeitsweise kann der Hund die für Sie so wichtigen Verweiserpunkte anzeigen. Zusätzlich erhalten Sie die Möglichkeit, das Fährtenumfeld im Blick zu behalten. Erst durch gezieltes Training ist es der führenden Person möglich, den Hund zu lesen und zu deuten. Das erzeugt gegenseitiges Vertrauen und ist der Erfolgsgarant für die Zusammenarbeit des Gespannes in der Nachsuche.

GRUNDLAGEN

Die Einarbeitung eines Hundes erfordert viel Engagement und Leidenschaft. Vor allem in dieser Phase der intensivierten, spezialisierten Ausbildung Ihres Hundes für die Nachsuchenarbeit gibt es einige grundlegende Punkte, die Sie wissen müssen bzw. die Voraussetzung für einen erfolgreichen Ausbildungsverlauf sind.

Voraussetzungen

Eine wichtige Ausbildungsvoraussetzung in der Nachsuchenarbeit ist die **Wesensfestigkeit** Ihres Hundes. Ihr Hund muss in jedem Fall über **Schussfestigkeit** und **Grundgehorsam** verfügen.

Überdies sind weidlaute Hunde für die Nachsuchenarbeit nicht geeignet. Die **körperliche Fitness** von **Hund** und der **führenden Person** runden schlussendlich das Anforderungsprofil eines fermen Gespannes ab.

Training mit anderen Hunden

Für das Grundgehorsamtraining ist das Üben in der Gruppe nicht nur zu empfehlen, sondern meiner Meinung nach ein unbedingtes Muss.

In den weiterfolgenden Trainingseinheiten, Einarbeitung in Schleppen und Fährten sollten Sie aber nur mit Ihrem Hund arbeiten. Konzentration ist hier gefragt, Ablenkungen können zu nicht erwünschten Trainingsergebnissen führen.

Sollte es aber einmal so sein, dass ein weiteres Gespann ebenfalls mit Ihnen im Training ist, sollte der zweite Hund sicher verwahrt sein. Nichts kann mehr stören als ein umherlaufender Hund.

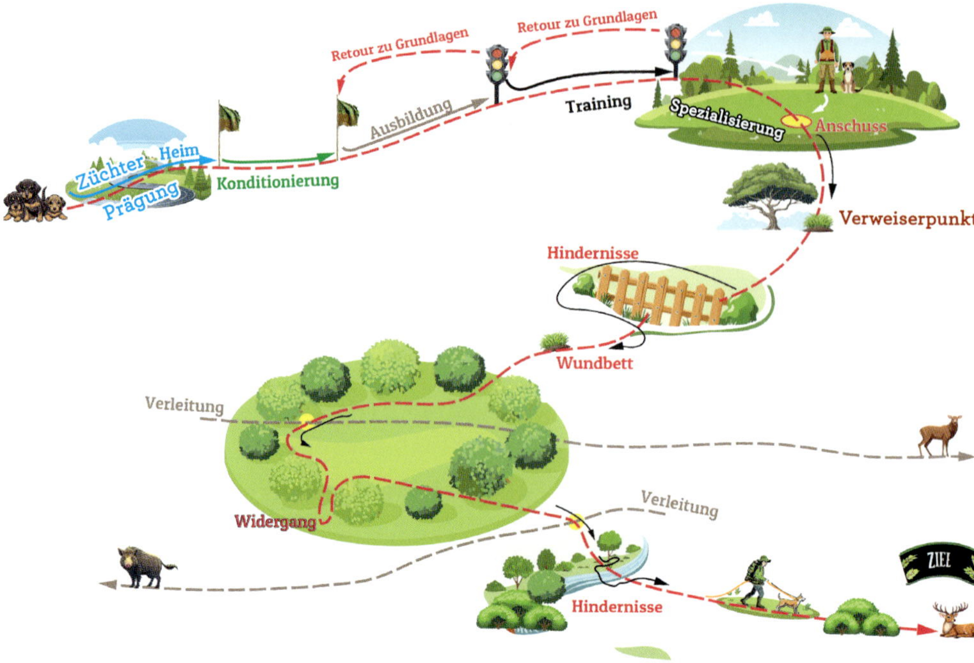

Ablauf der Ausbildung
© Bernhard Hammer | www.online-jagdhundeschule.com

Verhalten der führenden Person

Gegenseitiges Verständnis und Vertrauen zwischen Hund und hundeführender Person sind enorm wichtig. Nicht nur der Hund kann dabei Fehlverhalten zeigen, sondern auch die führende Person.

Im Training wird es immer wieder zu nicht erwünschten Verhaltensweisen kommen und somit stellen sich die von Ihnen angestrebten Ergebnisse nicht sofort ein. In jedem Fall ist Geduld der Schlüssel zum Erfolg.

Bleiben Sie ruhig und gelassen

Begegnen Sie unerwünschten Verhaltensweisen Ihres Hundes stets mit Ruhe und Gelassenheit. Fokussieren Sie sich und Ihr Tier auf die wesentliche Arbeit und vermeiden Sie in jedem Fall Überreaktionen.

Analysieren Sie das Verhalten Ihres Hundes

Je besser Sie Ihren Hund beobachten und kennenlernen, desto exakter werden Sie sein Verhalten und seine Eigenarten deuten können. Für Sie als führende Person ist es schlussendlich wichtig, aus dem gezeigten Verhalten Ihres Hundes die richtigen Schlüsse zu ziehen. Das Ziel ist die Erkenntnis, ob sich der Hund auf der richtigen Fährte befindet.

Sehen – deuten – verstehen und sicherstellen

Es ist wichtig, sicherzustellen, dass das gezeigte Verhalten des Hundes auch mit Ihrer Deutung deckungsgleich ist. Als Beispiel sei hier die Abbildung „Rutenstellung“ (siehe z. B. S. 106) genannt.

Ererbte bzw. rassenspezifische Eigenheiten Ihres Hundes

Jeder Hund hat sein individuelles Wesen und somit auch ein sehr individuelles Verhalten. Hinzu kommen rassespezifische Prägungen und Zuchtmerkmale. Es empfiehlt sich daher, mit den Züchterinnen bzw. Züchtern diesbezüglich Rücksprache zu halten, um zu hinterfragen, welche Eigenschaften und Verhaltensmuster die Elterntiere aufweisen. Dadurch können gesicherte Rückschlüsse auf Ihren Hund erfolgen.

Bereiten Sie Ihre Trainingseinheiten gezielt vor

Gerade für die Einarbeitung in der Nachsuchenarbeit ist eine gute Vorbereitung notwendig. Viele Dinge müssen beachtet werden, um erfolgreiche Trainingsergebnisse zu erzielen. Genaueres dazu folgt ab S. 91.

DIE HUNDENASE UND IHRE BEDEUTUNG IN DER NACHSUCHENARBEIT

Wir wissen, dass Hunde über eine hervorragende Nasenleistungen verfügen (siehe auch S. 14ff.). Nicht umsonst werden sie z. B. als Drogenspürhunde, Begleithunde für Zuckerkranke oder als Suchhunde für Lawinenopfer eingesetzt.

Auch wir Jäger machen uns das in der Jagd zunutze. Sich aber nur auf die hervorragende Nasenleistung zu verlassen, ist für eine erfolgreiche Nachsuchenarbeit aber zu wenig.

Zunächst ist es wichtig, zu wissen, dass verschiedene Hunderassen auch eine unterschiedliche Anzahl von Geruchszellen aufweisen. Allgemein hält sich die Meinung, dass nur Schweißhunde ausgezeichnete Nachsuchenhunde sein können. Die Literatur sagt, dass die Anzahl der Riechzellen von der Schnauzenlänge abhängt. Weiters gibt die Literatur für die Anzahl der Geruchszellen folgenden Daten an:

- Dackel: 125 Millionen
- Bayerischer Gebirgsschweißhund (BGS): 200 Millionen
- Vorstehhunde: 250 Millionen
- Bloodhound: 300 Millionen

Wenn der Bayerische Gebirgsschweißhund jedoch um 50 Millionen weniger an Geruchszellen als z. B. ein Vorstehhund hat, warum sollte gerade dieser Hund der Spezialist für Nachsuchenarbeit sein? Die Antwort ist, dass dieser Hund speziell für die Nachsuchenarbeit gezüchtet wurde.

Wie kann die Nasenleistung des Hundes effizient zum Einsatz kommen, sodass die Fährte exakt und erfolgreich ausgearbeitet wird?

Sie müssen Ihren Hund darauf einarbeiten, dass er seine Nasenleistung **jeder Situation angepasst** und **ausdauernd** einsetzt (siehe S. 138).

Was riecht der Hund?

Die Nachsuchenarbeit wird gerne nur mit dem Duftbotenstoff „**Schweiß**" in Verbindung gebracht und daher wird die Nase des Hundes auf diesen konditioniert. Auf einer natürlichen Wundfährte befinden sich jedoch meist nur wenige Tropfen Schweiß am Boden oder am Bewuchs.

William G. Syrotuk hat sich in seinem Buch „**Scent and the Scenting Dog**" mit verschieden Duftbotenstoffen auseinandergesetzt und diese nach Intensität und Wahrnehmbarkeitsdauer unterschieden (siehe Grafik auf Seite 89).

Individualwitterung: Abschilferung der Hautzellen und Drüsen

Das sind die vom Wild stammenden Abschilferungen, Drüsensekrete und Schweiß.

Bodenverwundung

Das Wild hinterlässt mit seinen Schalen oder Branten eine Bodenverwundung, sozusagen eine Druckstelle am Boden. Dadurch entweichen Duftbotenstoffe aus dem Boden.

Pflanzlicher Geruch

Das Wild bricht auf seiner Flucht Gräser, Laub und Sträucher. Auch dieser Geruchscocktail ist Teil des Gesamtgeruches für den Hund. Aus der Kombination unterschiedlicher Düfte entsteht für die Hundenase ein einzigartiges Duftmerkmal, welchem der Hund folgt.

Nachfolgend finden Sie die Erkenntnisse aus den Untersuchungen nach Syrotuk grafisch dargestellt. Die Grafik stellt die Entwicklung der verschieden Duftbotenstoffe je nach Duftintensität und Dauer dar und verdeutlicht, dass sich der „Duftcocktail" in der Nachsuchenarbeit vielfältig zusammensetzt.

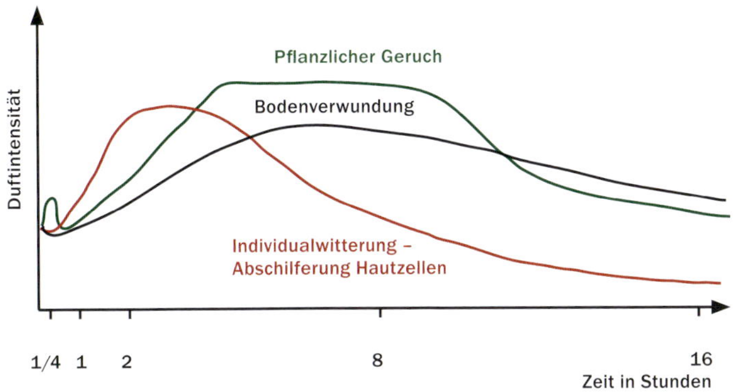

Grafik: nach Erkenntnissen von William G. Syrotuk „Scent and the Scenting Dog“, erstellt von Bernhard Hammer

Daraus lässt sich Folgendes ableiten

Die Individualwitterung steigt in den ersten 2 Stunden an und fällt danach stark ab.

Die Intensität der **Bodenverwundung** steigt bis zu 7 Stunden stetig an, um danach wieder langsam zu verebben.

Der **pflanzliche Geruch** steigt in den ersten 3 Stunden stark an, bleibt jedoch eine Zeitlang auf hohem Niveau bestehen.

Die individuelle Duftspur resultiert also aus der **Umgebung**, aus den **Bodenverwundungen**, den zertretenen **Pflanzenteilen**, aus den **Hautschuppen** und den **Haaren** sowie den **Drüsenabsonderungen** des jeweiligen Wildtieres. Die gasförmigen Duftmoleküle in unterschiedlicher Intensität ergeben in Summe den ganz speziellen Duftcocktail. Dieser „Duftcocktail" ist einzigartig und ist vergleichbar mit dem **Fingerabdruck** eines Menschen.

Zusammenfassung

Die Untersuchungen von William G. Syrotuk zeigen anschaulich, dass der Hund auf das gesamte Duftsortiment der jeweiligen Fährte zu konditionieren ist. Dieser einzigartige Duftcocktail wird sowohl auf der jeweiligen Gesund- als auch auf der Krankfährte zu finden sein.

Der Wildschweiß ist dabei als Botenstofflieferant für den Nachsuchenhund nur ein Teil der Geruchspalette. Der Schweiß kann auf der Fährte fallweise vorhanden sein, die Bodenverwundung und die Abschilferungen sind jedoch dauerhaft. Der Schweiß ist letztendlich eine sichtbare Bestätigung für die hundeführenden Person, dass das Gespann auf dem richtigen Weg ist.

RASSENINDIVIDUALITÄT

Verschiedene Hunderassen verlangen eine unterschiedliche Ausbildung. Ein Bayerischer Gebirgsschweißhund z. B. kann aufgrund seiner gezüchteten Anlagen bereits ab dem fünften Lebensmonat für diese Aufgabe trainiert werden. Der BGS braucht gemäß seiner Prüfungsordnungen allerdings auch keine Apportfächer, Schwimmspuren, freie Schleppen mit Bringwild (sehr wohl jedoch Schleppenarbeit am langen Riemen, siehe ab S. 90), Feldsuchen und Stöberarbeiten leisten. Also kann man sich voll auf die Nachsuche konzentrieren.

Andere Hunderassen haben bis zur höchstrangigen Prüfung viele weitere Arbeitsfächer zu trainieren und bei den Prüfungen unter Beweis zu stellen. Daher erfolgt die Konzentration auf die Nachsuchenarbeit erst später. Zusätzlich ist aufgrund des Körperbaues und der geforderten verschiedenen Arbeitsgeschwindigkeiten ein gewisser Nachteil in der Ausbildung zu erkennen.

Seien Sie beruhigt: Gerade dafür habe ich diese Ausbildungsmethodik entwickelt, dass in der wichtigen Prägungsphase die Grundlagen für alle Hunderassen geschaffen werden, um erfolgreich Nachsuchenarbeiten zu leisten.

Gerade für einen Vorstehhund ist es wichtig zu verknüpfen, dass er bei der Nachsuche mit mäßigem Tempo, exakt und mit tiefer Nase arbeiten muss. Er muss verstehen lernen, dass er in der Feldsuche frei und ohne Einwirken des Führers mit guter Geschwindigkeit und mit hoher Nase suchen muss, in der Nachsuche aber am Riemen ist und andere Anforderungen an ihn gestellt werden.

DIE TRAININGSPLANUNG UND ANALYSE DES TRAININGS

Auch in dieser intensiven Phase der Ausbildung ist eine vorausschauende Planung des Trainings empfehlenswert, um sich bestmöglich auf den Aufbau und den Ablauf der Einheiten vorzubereiten. Durch eine gezielte Vorbereitung können Sie die Ausbildung Ihres Hundes positiv beeinflussen, gegebenenfalls sogar beschleunigen.

Bereits im vorigen Kapitel „Die Prägung für die Ausbildung" haben Sie bezüglich Trainingsvorbereitung und Trainingsdokumentation Tipps und Empfehlungen erhalten (siehe S. 37ff., 78). Das eine oder andere wiederholt sich, aber viele Informationen sind zusätzlich notwendig.

Denn die jetzige Ausbildungsphase für die Nachsuche ist komplexer gestaltet, umfangreicher und benötigt eine Vielzahl an Unterstützungsmaßnahmen. Durch eine strukturierte und gezielte Ausbildungsplanung lässt sich das Training wirkungsvoll optimieren und Ziele können schneller erreicht werden.

Empfehlungen

- Gönnen Sie Ihrem Hund vor der Arbeit den notwendigen Auslauf, sodass er überschüssige Energie abbauen und gleichzeitig die Umgebung kennenlernen kann.
- Futter als Motivator: Auch dieses Thema wurde schon behandelt (siehe S. 16). Der Futterreiz ist ein ständiger Begleiter in der Hundeausbildung. Der Hund erhält über das Futter sein Erfolgs- und Motivationserlebnis.
- Kurze Lerneinheiten sind einem ausgedehnten Trainingsprogramm vorzuziehen. Die Trainingsverteilung über den gesamten Tag garantiert dabei ausreichend Zeit für Entspannungsphasen.
- Arbeiten Sie am Beginn mit Ihrem Hund alleine, damit er keinen Ablenkungen ausgesetzt ist. Nutzen Sie Bereiche, wo keine anderen Hundeduftspuren vorhanden sind.
- Starten Sie den nächsten Ausbildungsschritt erst dann, wenn das bisher Gelernte gefestigt ist.

Setzen Sie sich mit dem präzisen Ablauf **vor** dem eigentlichen Training auseinander und definieren Sie genau, welche Ergebnisse Sie erzielen möchten. Der Erfolg stellt sich so leichter ein!

Ebenso wichtig sind die Analysen des Trainings, des Hundes und des eigenen Verhaltens. Auf den Seiten 78, 80, 81, 93, 94, 120 finden Sie entsprechende unterstützende Formulare, die einfach und schnell einsetzbar sind und bei konsequenter Dokumentation des Trainings einen guten Überblick über Fortschritte bzw. Mängel bieten.

„Ein fermes Gespann baut auf fundierten Grundlagen der Ausbildung auf und lernt aus gemeinsamen Erfahrungen. Nur so können bevorstehende Aufgaben gemeistert werden und gegenseitiges Verstehen und Vertrauen wachsen."

Checkliste Einarbeitung Nachsuche

Datum:		Trainings-Nr.:		Wind:		schwach		stark
Wetter:		Temperatur:		Gelände:		Wiese		Wald
Trainings-Dauer:		Ort:		Ablenkungen		ja		nein
Hund:			Fährte: **L - U - S**	Bewertung (UZ)	0	unzureichend	1	genügend
Führer:			Verleitung: **E - M - S**		2	befriedigend	3	gut
Begleitperson:					4	sehr gut		sonstiges

UZ	Anschuss
	Ablegen
	Ausarbeitung
	Konzentration
	Annahme

UZ	Fährtenanfang
	Konzentration
	Wille zu finden
	Ausarbeitung

UZ	Fährte
	Exaktheit
	Schnelligkeit
	Ausarbeitung
	Suchenwille

UZ	Verleitung
	Konzentration
	Ruhe
	Führigkeit
	Kommando-Annahme
	gesamt

UZ	Wiederansetzen
	Ablegen
	Ausarbeitung
	Konzentration
	Annahme

Notizen

UZ	Gesamteindruck:
	Ablegen
	Ruhe
	Konzentration
	Suchenwille
	Schnelligkeit
	Kommandos
	Ausarbeitung
	Ausdauer
	Annahme

UZ	führende Person:
	Kommandos
	Verhalten
	Einwirkung
	Vorbereitung

Notizen

DAS ÜBUNGSGELÄNDE

Für das Training benötigen Sie, je nach Ausbildungsphase und Trainingsanforderung, ein dafür geeignetes Gelände. Auch im vorigen Kapitel habe ich schon kurz darüber geschrieben, hier finden Sie nun weitere Ausführungen diesbezüglich, abgestimmt auf die Einarbeitung für die Nachsuchenarbeit.

Das Übungsgelände sollte immer wieder variiert werden, da sich Ihr Hund sehr schnell auf einen Trainingsort einstellt. Ein Gewöhnungseffekt wird durch örtliche Veränderung unterbunden, folglich ist der Hund aufmerksamer und sammelt zusätzliche Eindrücke.

Gerade im Training für Schleppen und Fährten sind diese Variationen von großer Bedeutung. Denn Nachsuchen erfolgen in unterschiedlichstem Gelände mit diversen Anforderungen und Problemstellungen.

Da Sie mit Ihrem Hund positive Erlebnisse sammeln wollen, starten Sie im leichten Gelände und steigern Sie danach den Schwierigkeitsgrad. Es ist nicht zielführend, den Hund gerade am Anfang durch eine zu schwere Geländebeschaffenheit zum Scheitern zu bringen. Daher erfolgt die Wahl von leicht zu mittel und erst danach zu schwer.

Die Steigerungen können die Geländeform, die Beschaffenheit der Böden und des Bewuchses oder aber die Wetterbedingungen betreffen.

Leichtes Gelände

Ebenes, übersichtliches Gelände mit wenig Bewuchs, z. B. eine abgeerntete Wiese (Fotos zu den verschiedenen Geländeformen siehe S. 66).

HINWEIS! Bevorzugtes Gelände

L-U-S-Fährten sollten Sie immer auf Wiesen ausarbeiten.

Mittelschweres Gelände

Kupiertes Gelände mit mäßigem Bewuchs und nicht zu viel Laub am Boden, z. B. aufgelichteter Wald.

Schwieriges Gelände

Gelände mit unterschiedlichen Neigungen, dichterem Baumbestand, unterschiedlichem Bewuchs, Bachläufen und Verleitungen

Die **Steigerungen** können die Geländeform, die Beschaffenheit der Böden und des Bewuchses oder aber die Wetterbedingungen betreffen.

GRUNDGEHORSAM

Für die Nachsuchenarbeit ist perfekt angeeigneter Grundgehorsam die absolute Voraussetzung. Der Hund muss finden wollen und Ausdauer besitzen. Sämtliche Kommandos, die zum Grundgehorsam gehören, wurden in den vorangegangenen Kapiteln bereits ausführlich beschrieben (siehe ab S. 10 bzw. 23ff., 38ff., 57ff.) und trainiert. In dieser Ausbildungsphase geht es nur mehr um die Festigung und diese wird durch ständiges Training sowie durch Variationen der Grundgehorsams-Übungen erreicht.

Die Forcierung

Diese Phase kann gestartet werden, wenn der Hund bereits den notwendigen Grundgehorsam aufweist. Die Kommandos „**Hier**", „**Sitz**" und „**Platz**" müssen auf erstes Kommando ausgeführt werden.

Nur ein Hund, der verlässlich abgelegt werden kann, verlässlich auf Kommandos der führenden Person reagiert und verlässlich arbeitet, kann auch erfolgreiche Leistungen in der Nachsuchenarbeit zeigen. Bevor es also losgeht mit dem **Training und der Einarbeitung des Hundes auf der Fährte,** sollte der Hund bereits über den notwendigen Appell verfügen, der die Grundlage für die weitere Ausbildung bildet.

Ist der Hund derart vorbereitet, kann die weitere Ausbildung begonnen und damit die schrittweise erfolgreiche Umsetzung in das praktische Training erfolgen.

Schritt für Schritt

Nachfolgend erhalten Sie **Trainingsanleitungen**, um Schritt für Schritt das notwendige Rüstzeug für die Nachsuchenarbeit zu erhalten.

Sie bestimmen das **Tempo der Lernschritte** und nehmen dabei Rücksicht auf das **Verhalten** und die **Leistungsfähigkeit** Ihres Hundes.

VI. EINARBEITUNG IN DIE L-U-S-FÄHRTE – TRAININGSAUFBAU

Ich beginne hier aus Gründen der Übersichtlichkeit ein neues Kapitel, obwohl die im Folgenden beschriebenen Ausbildungsschritte noch zum vorigen Kapitel „Einführung in die Nachsuchenarbeit“, also zur intensivierten Ausbildung zwischen 16. und 21. Lebenswoche, gehören (siehe auch Zeit- und Ausbildungstabelle auf 83/84).

HILFSMITTEL ZUR EINARBEITUNG

Verwenden Sie, dem Trainingszweck entsprechend, geeignete Hilfsmittel.

Nachsuchenhalsung

Diese ist aus Leder und hat einen Wirbelhaken und einen verstellbaren Verschluss. Damit kann die Halsung an den Hund angepasst werden.

Nachsuchengeschirr

Dieses Geschirr hat den Vorteil, dass sich der Wirbelhaken am Ende des Rückens befindet. Sollte sich der Riemen verfangen, so kann ein ruckartiges Ziehen keinerlei negative Auswirkungen auf den Hund haben. Für größere Hunde ist diese Variante besonders gut geeignet.

Schweißriemen

Der Schweißriemen soll mindestens 8 Meter Länge aufweisen und keine Feuchtigkeit aufnehmen. Die Riemenfarbe sollte gut sichtbar sein. Der Riemen sollte leichtläufig im Gelände sein, damit er sich nicht an Bewuchs und Boden verfängt oder hängen bleibt.

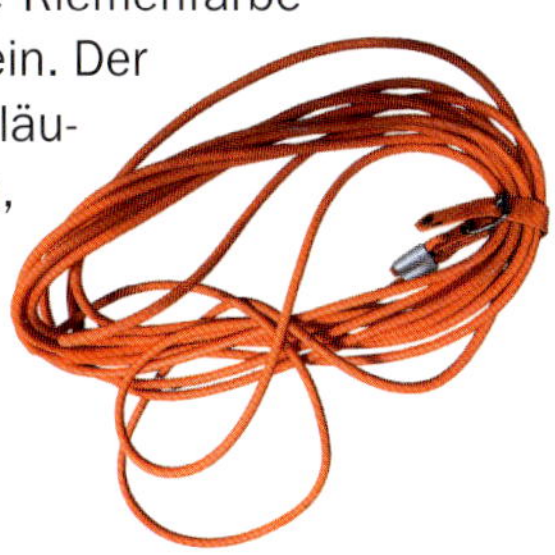

Markierbänder

Als Markierbänder eignen sich besonders gut Forstbänder aus Viskose, da diese biologisch abbaubar sind.

Markierstöcke

Farbige Markierstöcke aus Metall sollen eine gute Erkennbarkeit und Stabilität aufweisen. Für die Befestigung im **Boden sollten am Markierstock Haken angebracht sein, die das Eintreten mit dem Fuß erleichtern.**

Schweißflasche

Der Mindestinhalt der Schweißflasche beträgt 250 ml. Die Kappe sollte wiederverschließbar sein und eine ca. 3–5 mm große Öffnung haben.

Schweiß

Schweiß kann vom Rotwild, vom Schwarzwild oder auch Trockenschweiß sein. Der zu verwendende Schweiß ist frei von Grobteilen in Flaschen abzufüllen und im Gefrierschrank zu lagern. Durch die Beigabe von einem Teelöffel Salz pro 250 ml wird er flüssiger. Die Flasche sollte vor Verwendung aufgeschüttelt werden.

Wildteile

- Rehwildhaupt
- Hase
- Ente
- Mader
- Rotwildschalen

Für das Anlegen von Schleppen und Verleitungen eignen sich Stücke von Wilddecken, Wildbret- und Knochenteile oder erlegtes Bringwild, wie z. B. Hasen, Enten oder Marder.

Die Lagerung der Wildteile erfolgt im Gefrierschrank. Die Wildteile wie z. B. Läufe, Hämmer und Decken können nach der Verwendung wieder eingefroren werden.

ALLGEMEINES ZU „L-U-S"-FÄHRTEN

Das Kürzel steht für die Form der Fährten, die gemäß den besagten Buchstaben angelegt werden. Diese Fährten ersetzen die kurzen Konditionierungsfährten durch längere Fährten. Sie werden nur mit dem **Bergschuh** getreten.

Mit dem Abschreiten der Fährte entstehen durch den Bergschuh die notwendigen Bodenverwundungen. Im Fersenbereich des entstandenen Trittsiegels werden die Frankfurterscheiben eingelegt. Es wird auf der Fährte **kein Schweiß** verwendet.

Fährte treten

Auf der gesamten Fährte wird die Bodenverwundung durch den Bergschuh hergestellt. Zusätzlich werden Frankfurterscheiben im Fersenbereich des Bergschuhes eingelegt.

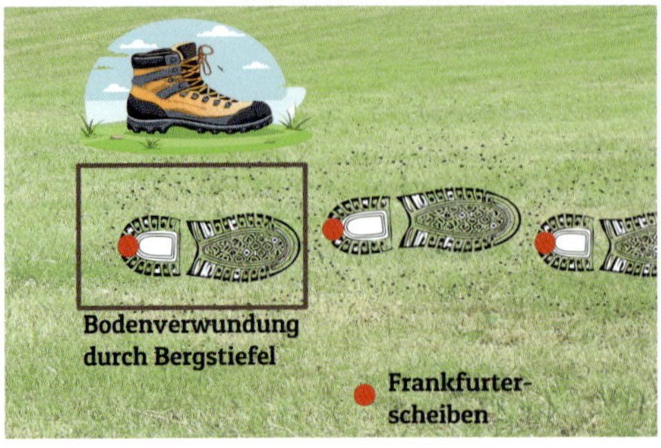

Durch diese Art des Anlegens der Fährte **verknüpft der Hund,** dass das Verfolgen der Bodenverwundung den Erfolg bringt, nämlich das Finden der Frankfurterscheiben.

TIPP! Frankfurter dünn schneiden

Die Frankfurter sollten Sie in dünne Scheiben schneiden, damit der Hund diese während der Arbeit leicht aufnehmen und fressen kann.

Falls der Hund keine Frankfurterscheiben annimmt, können Sie die Bodenverwundung der **L-U-S-Fährten** mittels Fährtenschuh herstellen, in dem Sie einen Anschuss mit Fährtenabgang herstellen. Nimmt Ihr Hund den Abgang an und gelangt an die abgelegten Fährtenschuhe, so haben Sie das „Mittel der Wahl" gefunden.

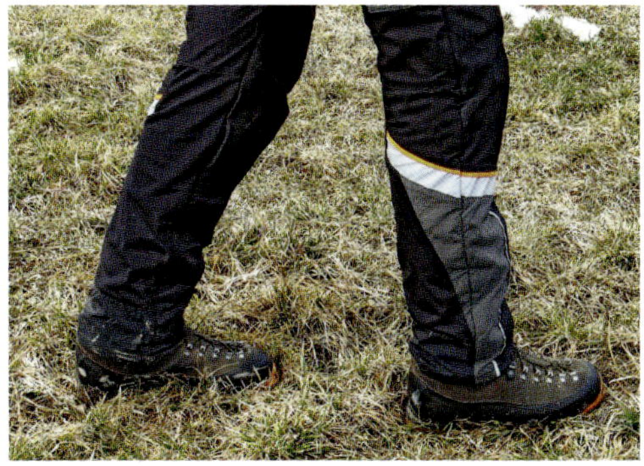

Bodenverwundung durch Bergstiefel

Einlegen der Frankfurterscheiben

Markieren Sie den Anschuss mit einem Stock und reißen Sie den Boden mit dem Schuh auf. Legen Sie an dieser Stelle mehrere Frankfurterscheiben ein.

Für das Anlegen der Fährte empfiehlt sich eine kurz geschnittene Wiese. Diese Geländebeschaffenheit erleichtert das Finden der Scheiben. Die folgenden Bilder zeigen, wie der Fährtenleger die Fährte tritt und Frankfurterscheiben im Fersenbereich ablegt.

Mit der Bodenverwundung durch den Bergschuh und dem Einlegen der Frankfurterscheiben entsteht der individuelle Fährten-Duftcocktail. Der Hund lernt, dass durch das Suchen mit tiefer Nase die Belohnung auf der Fährte gefunden wird.

Empfehlungen für das Anlegen von L-U-S-Fährten

Die Fährte sollte von einer helfenden Person angelegt werden, da der Geruch Ihrer Schuhe, insbesondere Ihrer Abschilferungen, Ihrem Hund bekannt sind. Weitere wichtige Punkte, die Sie beim Fährtenlegen beachten sollten, sind:

- während des Anlegens der Fährte den Hund nicht sichtig ablegen
- Windrichtung: die Fährten immer mit Nackenwind anlegen
- Schrittlänge: mit kurzen Schrittabständen beginnen und nach ca. 15 Schritten den Schrittabstand erhöhen
- vor Beginn der Arbeit den Hund ausreichend bewegen
- seine Essensration sollte er auf der Fährte in der Futterschüssel erhalten
- die Arbeit erst 15 Minuten nach dem Anlegen starten

Lerninhalte

Wie bei allen Ausbildungsschritten ist es auch für das Training auf L-U-S-Fährten wichtig, sich einerseits stets die Ziele, die man mit den Übungen verfolgt, vor Augen zu halten, andererseits zu beobachten, wie der Hund die an ihn gestellten Forderungen erfüllt. Nachfolgend finden Sie eine Aufzählung von Lerninhalten (für Ihren Hund und Sie). Die einzelnen Punkte werden im Laufe des Kapitels näher erläutert.

1. Ritualisierung der Anschussvorbereitungen
2. Ausarbeitung des Anschusses und Abgang
3. Konzentration auf die Bodenverwundung
4. Fährtentempo wird durch das Suchen, Finden und das Aufnehmen der Frankfurterscheiben reduziert
5. Verknüpfung, dass das Suchen der Bodenverwundung zu Futtererfolg führt
6. Erkennen, wann der Hund auf der Fährte ist
7. Erkennen des Verhaltens bei bewusst herbeigeführten Ablenkungen.

AUSGESTALTUNG DER FÄHRTEN

Starten Sie mit der leichtesten Fährten-Form, der L-Fährte. Legen Sie die Fährte auf einem leicht kupierten Gelände mit kurzem Bewuchs an. Gerade zu Beginn darf es dem Hund nicht zu schwer gemacht werden. Es ist auch für den Hund eine Herausforderung, etwas Neues kennenzulernen. Im weiteren Verlauf des Trainings legen Sie dann schwierigere U-Fährten und S-Fährten.

L-Fährte

gesamt:	100 Schritte
bis Haken 1:	50 Schritte
bis Ende:	50 Schritte

Abschnitt 1 (bis zum ersten Haken)

1. Teil: 15 kurze Schritte
2. Teil: 10 kurze Schritte **ohne** Frankfurter
3. Teil: Schrittlänge erhöhen, ca. 20 Schritte mit Frankfurterscheiben
4. Teil: 5 kurze Schritte bis zum ersten Haken

U-Fährte

gesamt:	150 Schritte
bis Haken 1:	50 Schritte
H 1 bis H2:	50 Schritte
H 2 bis Ende:	50 Schritte

Abschnitt 2 (bis zum zweiten Haken; bei U-Fährte bis zum Ende)

1. Teil: 15 kurze Schritte
2. Teil: 10 kurze Schritte **ohne** Frankfurter
3. Teil: Schrittlänge erhöhen, ca. 20 Schritte mit Frankfurterscheiben
4. Teil: 5 kurze Schritte bis zum zweiten Haken

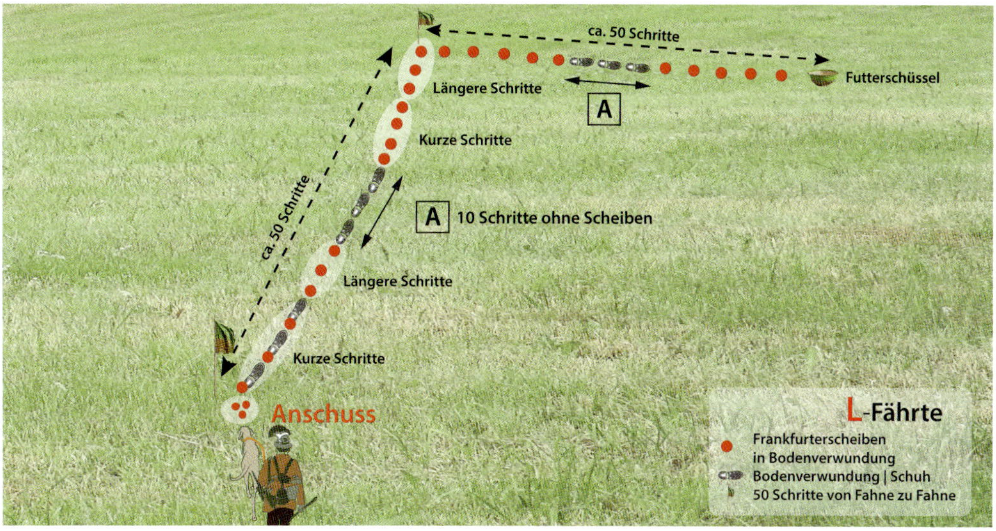

Fährtenausgestaltung als L-Form

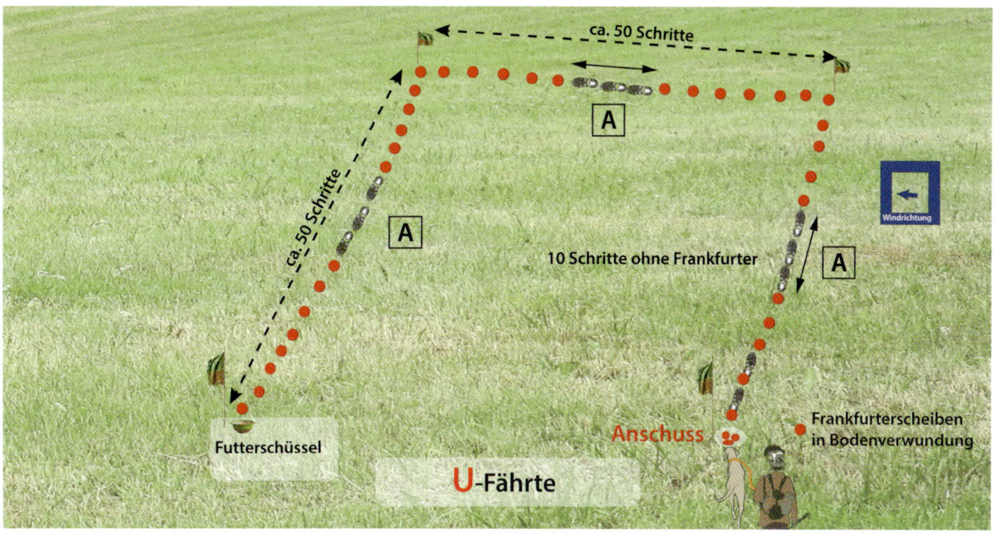

Fährtenausgestaltung als U-Form

S-Fährte

gesamt: 150 Schritte
Abstand zwischen den Schleifen: 50 Schritte

Abschnitt 3 (bis zum Ende)

1. Teil: 15 kurze Schritte
2. Teil: 10 kurze Schritte **ohne** Frankfurter
3. Teil: Schrittlänge erhöhen, ca. 20 Schritte mit Frankfurterscheiben
4. Teil: 5 kurze Schritte bis zum Ende

Ende

Gefüllte Futterschüssel als Belohnung.

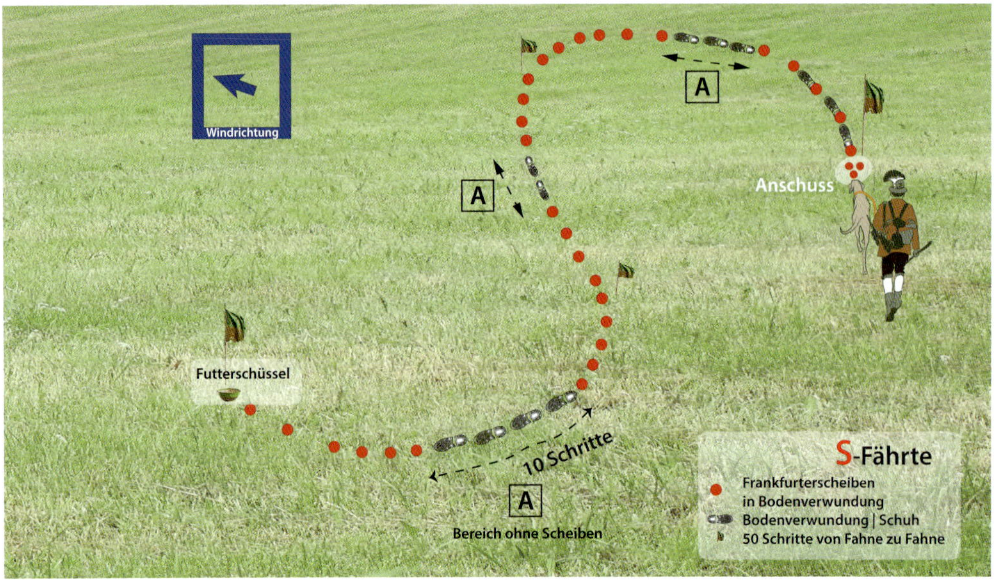

Fährtenausgestaltung als S-Form

WAS BEI L-U-S-FÄHRTEN NOCH ZU BEACHTEN IST

Gelände und Markierungen

Das Trainingsgelände soll keine Verleitungen aufweisen und es sollten keine Störungen bzw. Ablenkungen zu erwarten sein. Am Anschussabgang sind die Schritte kurz, danach wird die Schrittlänge erhöht. Markieren Sie den Anschuss und die Haken mit Markierstöcken. Die Markierungen geben Ihnen Sicherheit, immer zu wissen, wie die Fährte verläuft. Dadurch haben Sie den Fährtenverlauf immer im Blick und Sie können sich ganz auf den Hund konzentrieren.

Am Ende der Fährte stellen Sie eine gefüllte Futterschüssel mit Frankfurterscheiben ab.

Die Ritualisierung des Fährtentrainings

Da ja bereits ab der 13. Lebenswoche mit dem Welpen Anschusstraining am Ausbildungsplan steht, wurden einzelne Schritte zur Ritualisierung teilweise schon beschrieben (z. B. auf S. 70). Weil jedoch diese Trainingsschritte nicht nur der Hund, sondern auch Sie als hundeführende Person verinnerlichen sollen, wiederhole ich einige davon an dieser Stelle.

Die Vorbereitung

Zuerst bereiten Sie sich und die **notwendigen Hilfsmittel** (siehe S. 97) für die Fährtenarbeit vor. Erst dann wird der Hund aus dem Auto geholt. In aller Ruhe und Gelassenheit wird die **Schweißhalsung oder das Nachsuchengeschirr** angelegt. Docken Sie Ihren Schweißriemen ab und werfen Sie diesen aus, so dass er in voller gestreckter Länge am Boden liegt. Befestigen Sie den Riemen am Wirbelhaken.

Zum Anschuss

Gehen Sie mit Ihrem Hund am kurz gegriffenen Riemen in Richtung des Anschusses. Legen Sie Ihren Hund ca. 3–5 Schritte vom Anschuss entfernt ab. Danach gehen Sie zum markierten Anschuss und untersuchen diesen.

Die Untersuchung des Anschusses ist mit Worten und Handzeichen vorzunehmen, damit das Interesse des Hundes geweckt wird. Nach der Untersuchung gehen Sie zum Hund zurück und führen ihn am kurz gegriffenen Riemen zum Anschuss.

Das Kommando

Am Anschuss angekommen, fordern Sie den Hund mit Handzeichen und Kommando „**Such Verwundt**" zur eigenständigen Untersuchung des Anschusses auf. Der Hund wird mit tiefer Nase den Anschuss untersuchen und die Frankfurterscheiben finden und fressen.

Durch diesen immerwährend gleichen Ablauf (Vorbereitung zur Fährtenarbeit) legen Sie die Basis, dass der Hund hoch konzentriert, positiv emotionalisiert und freudig auf die Fährtenarbeit vorbereitet ist.

Der Hund wurde bereits ab der 13. Lebenswoche auf den Anschuss eingearbeitet und hat diesen und auch den „Anschuss mit Abgang" mit dem Kommando „Such Verwundt" verknüpft. Nun beginnt die Ausarbeitung der Fährten.

AUF DER FÄHRTE

Der Anschuss

Am Anschuss ist der Hund von Ihnen einzuweisen und zum Finden der ersten Frankfurterscheiben zu stimulieren. Durch eine intensive Untersuchung des Anschusses durch den Hund werden die entsprechenden Verknüpfungen hergestellt: Hat Ihr Hund am Anschuss alle Frankfurterscheiben gefunden, wird er „Duftspur der Bodenverwundung" mit „Belohnung" verknüpfen. Der Hund wird mit tiefer Nase versuchen, weitere Belohnungen zu finden und der Fährte zu folgen. Vielleicht auch anfänglich rund um den Anschuss. Versuchen Sie mit der kurz gegriffenen Leine den Hund bei der ersten Fährte etwas zu lenken, damit er den Abgang findet. Bei den Trainingsfährten ist dem Hund ausreichend Zeit zu geben, den Anschuss auszuarbeiten und den Abgang zu finden. Unterstützen Sie Ihren Hund dabei: Zeigen Sie, für den Hund erkennbar, gezielt auf die Frankfurterscheiben.

Da die Frankfurterscheiben in der Bodenverwundung liegen, folgt er diesem spezifischen Duftcocktail und wird schon nach kurzer Zeit verknüpfen: „Duftcocktail zeigt mir den Weg zu den Frankfurterscheiben." Weil die Abstände zwischen den Scheiben sehr kurz sind, wird er ruhig und langsam arbeiten, um sein Suchen erfolgreich zu gestalten.

Die Fährtenarbeit

Auf der Fährte sollte der Hund ein ruhiges, langsames und exaktes Arbeiten zeigen. Dadurch kann sichergestellt werden, dass der Hund keine Verweiserpunkte, in dieser Übung sind es die Frankfurterscheiben, überläuft und die hundeführende Person kein Langstreckenläufer sein muss. Durch die Arbeit mit mäßigem Tempo können Sie sich nicht nur auf das Folgen des Hundes konzentrieren, sondern auch das Fährtenumfeld beobachten. Die Frankfurterscheiben sind dabei der „Temporeduzierer".

Abstand zwischen Hund und hundeführender Person

Bleiben Sie vorerst am Anschuss stehen, damit Ihr Hund ausreichend Zeit hat, die in kurzen Abständen ausgelegten Scheiben zu finden. In der ersten Phase der Fährte können Sie Ihren Hund auch diesbezüglich unterstützen.

Sie folgen dem Hund erst dann langsam, wenn der Abstand zwischen Ihnen und dem Hund ca. 3 Schritte beträgt. Nach den ersten zehn Schritten sollte der Abstand zwischen Ihnen und dem Hund ca. 5 Schritte betragen. Im weiteren Verlauf der Fährte soll der Abstand zwischen Hund und führender Person zumindest 5–7 Schritte betragen.

Der Riemen soll dabei locker am Boden gleiten und ohne Widerstand vom Hund gezogen werden. Mit Fortdauer der Fährte wird/sollte der Hund in der Fährtenausarbeitung an Sicherheit gewinnen.

HINWEIS! Der Riemen ist kein Lenkrad

Zerren und rucken Sie nicht. Gerade bei Halsungen ist darauf besonders zu achten, es könnte daraus ein Fehlverhalten entstehen. Im Grundgehorsam-Training hat der Ruck „Korrektur" bedeutet.

Verhalten des Hundes beobachten

Die erste „Bewährungsprobe" für den Hund gibt es etwa nach ca. 15 Schritten. Die Fährten haben wie schon beschrieben Fährtenbereiche, die **keine Frankfurterscheiben** aufweisen. In den Abbildungen auf den S. 101 und 102 werden diese Fährtenabschnitte mit „A" bezeichnet. Dort ist zwar die „Duftspur" der Bodenverwundung vorhanden, aber es können keine Frankfurterscheiben gefunden werden. Für diese Bereiche empfehle ich eine Länge von ca. **10 Schritten**. Gerade in diesen Bereichen müssen Sie besonderes Augenmerk auf das nachfolgend dargestellte Verhalten des Hundes legen, um zu beobachten, wie der Hund reagiert und sich verhält, wenn er keine Belohnung findet.

- Kopfhaltung
- Rutenstellung
- Körperspannung
- Blickverhalten zu führender Person
- Pendeln (suchen links und rechts neben der Fährte)
- Abweichen von der Fährte
- Fortsetzung der Suche

Es empfiehlt sich, für diese Trainingseinheiten eine unterstützende Person beizuziehen, um die notwendigen Beobachtungen vorzunehmen, damit Sie sich vorerst nur auf den Ablauf konzentrieren können.

Das Verhalten kann – wie oben in der Liste angeführt – unterschiedlich ausfallen. Ideal wäre es, wenn der Hund entlang der Bodenverwundung weitersucht, um danach wieder die Frankfurterscheiben zu finden (Bestätigung für den Hund). Es können sich aber auch andere Verhaltensmuster zeigen:

Kopfhaltung: Wird der Kopf hoch oder geschüttelt?

Der Kopf des Hundes sollte knapp über der Fährte sein. Das zeigt Ihnen, dass der Hund sucht und sich auf den „Boden" und damit auf die Fährte konzentriert. Nicht erwünschtes Verhalten ist z. B. wenn der Hund den Kopf hebt oder schüttelt.

Rutenstellung: Wie hat sich die Rutenstellung verändert?

Die Rutenstellung signalisiert Ihnen, ob der Hund „auf der Fährte" ist. Da Sie den Fährtenverlauf im Blick haben (gekennzeichnet durch die Markierstöcke), können Sie mit Fortdauer der Arbeit erkennen, wie die Rutenstellung Ihres Hundes ist. Der ständige Vergleich lässt Sie sicher werden. Manche Hunde arbeiten mit einer ruhigen, gestreckten Rute, manche auch mit gestreckter, leicht bewegter Rute. Analysieren Sie, welche Rutenstellung Ihr Hund dauerhaft auf der Fährte zeigt.

WICHTIG! Rutenstellung

Die Rutenstellung ist von Hund zu Hund unterschiedlich. Beachten Sie bereits von Anfang an, welche Rutenstellung Ihr Hund hat, wenn er der Fährte folgt und die Frankfurterscheiben findet.

Körperspannung: Wie ist die Körperhaltung des Hundes?

Auch die Spannung des Hundekörpers gibt ihnen Aufschluss, ob er der Fährte folgt. Wird er locker oder auch schneller in seinen Bewegungen, kann das auf den Verlust der Fährte deuten. Im Laufe der Trainingseinheiten werden Sie das Verhalten erkennen und deuten können.

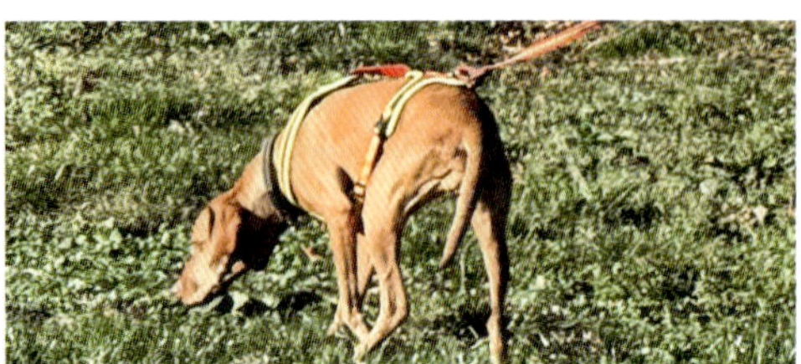

Beim Hund auf diesem Beispielfoto bedeutet die nach unten zeigende Rute: „Bin auf Fährte".

Blickverhalten: Blickt der Hund fragend zur führenden Person?

Wenn sich der Blick des Hundes zur führenden Person richtet, so bedeutet das zumeist, dass sich der Hund Unterstützung erwartet. Fordern Sie ihn mit dem Kommando **„Such Verwundt"** auf, weiterzusuchen. Sucht der Hund weiter, haben Sie beim Hund eine wesentliche Kommandoverknüpfung hergestellt.

Bögeln (Pendeln): Sucht der Hund geradlinig?

Der Hund sucht links oder rechts neben der Fährte. Geben Sie dem Hund Zeit und beobachten Sie, ob sich der Hund wieder auf die Fährte einfädelt.

Abweichen von der Fährte: Hat der Hund die Fährte verlassen?

Fädelt sich der Hund nicht ein und kommt zu weit ab, so ist der Hund abzutragen und an

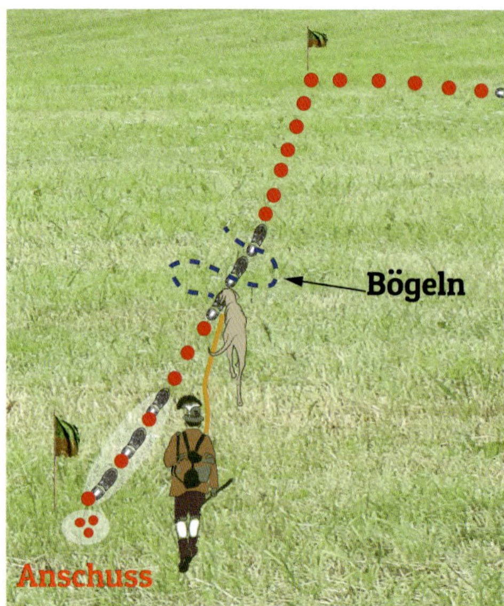

Pendeln (Hund sucht links und rechts neben der Fährte)

Suche neben der Fährte

Fährtenschuhe mit Rotwildschalen

der Fährte nach dem Abschnitt ohne Frankfurterscheiben wieder anzusetzen.

Problemstellungen

Hund kehrt zur führenden Person zurück

Setzen Sie den Hund nach dem Bereich ohne Frankfurterscheiben an. Nimmt der Hund mit Kommando wieder die Fährtenarbeit auf, so arbeiten Sie weiter. Wird die Fährte bis zum Ende gearbeitet, so haben Sie einen Teilerfolg erzielt.

Hund wird „lustlos“

Der Hund hat das Interesse an der Fährte verloren und versucht die Umgebung zu erkunden, auch nachdem Sie den Versuch gemacht haben, den Hund wieder anzusetzen. Gehen Sie am kurz gegriffenen Riemen bis zum Ende der Fährte und geben dem Hund die Möglichkeit, immer wieder die Fährte bzw. die Frankfurterscheiben zu finden. Danach Abbruch des Trainings. Versuchen Sie, die L-Fährte am nächsten Tag zu arbeiten.

Mit dem Finden der Schüssel schließen Sie die Übung zumindest mit einem positiven Erlebnis für den Hund ab.

Hund nimmt keine Frankfurterscheiben an

Testen Sie, welches Futter er annimmt, z. B. Käse. Jedenfalls sollte das „Fährtenfutter“ leicht aufnehmbar und fressbar sein.

Der Hund nimmt gar kein Futter

Treten Sie die Fährte mit einem Fährtenschuh (siehe Foto oben), in dem Rotwildläufe eingespannt sind. Verwenden Sie aber keinen Schweiß.

Kommunikation und Kommandos

Ein weiterer Schwerpunkt ist die **verbale Kommunikation** der hundeführenden Person während der Fährtenarbeit. Gerade zu Beginn versuchen die hundeführenden Personen zu häufig, mit dem Hund zu kommunizieren. Sie sollten mit dem Hund während der Arbeit nicht unentwegt sprechen, denn das führt aus meiner Trainingserfahrung mit Gespannen eher zu Störungen bzw. zu Fehlverhalten. Geben Sie dem Hund aber Zeit zu arbeiten, ohne ihn verbal abzulenken. Verstärken Sie jedoch positiv mit z. B.

- „Brav ist der Hund“
- „Such Verwundt“

Abtragen am Ende einer Fährte

Oder bei Fehlverhalten mit einem klaren Kommando wie z. B.

- „Zur Fährte".

Ausarbeitung Haken

Die Haken haben Sie entsprechend der Grafiken markiert und diese sind für Sie klar erkennbar. Die Ausarbeitung des Hakens sollte für den Hund kein Problem darstellen, da er durch die etwas kürzeren Schrittabstände auch mehr Frankfurterscheiben findet und somit leichter der Fährte inklusive Belohnung folgen kann. Dem Verhalten des Hundes ist hier ebenfalls Augenmerk zu schenken.

Die Futterschüssel am Ende

Das Finden der Futterschüssel ist der positive Abschluss der Fährtenarbeit. Lassen Sie den Hund die Schüssel leer fressen, loben Sie Ihn dabei ausgiebig und tragen Sie den Hund danach ab.

Abtragen

Es reichen einige wenige Schritte für das Abtragen aus. Mit dem Abtragen des Hundes haben Sie wieder ein Ritual manifestiert: **Exakte Suche + Finden = Belohnung.** Das Abtragen signalisiert dem Hund zusätzlich, dass die Arbeit erfolgreich beendet wurde.

Analyse und Trainingswiederholung

Nach dem Ende des Trainings analysieren Sie den Übungsablauf, die gewonnenen Erkenntnisse, das Verhalten des Hundes und Ihr eigenes Verhalten. Sollte es nicht geklappt haben und das Ergebnis entspricht nicht Ihren Vorstellungen, so hinterfragen Sie folgende Punkte:

- Konnten Sie störende Einflüsse feststellen?
- Woran kann der Hund gescheitert sein?
- Gab es ein Problem im Übungsaufbau bzw. im Ablauf?

Ein erstes Scheitern ist kein Grund zur Resignation. Versuchen Sie es wieder und geben Sie Ihrem Hund die Chance, sich erneut zu versuchen. Starten Sie einen weiteren Versuch.

ZUSAMMENFASSUNG: L-U-S-FÄHRTENTRAINING

Hund arbeitet langsam und fokussiert

Mit diesen Fährtenübungen haben Sie einen weiteren Schritt gesetzt, um sich und Ihren Hund als Team zu festigen. Sie haben dem Hund vermittelt, dass er mit tiefer Nase und mäßigem Tempo exakt der Duftspur folgen muss, damit er Futter findet.

Da die Frankfurterscheiben in relativ kurzen Abständen ausgelegt sind, wird der Hund zum langsamen Arbeiten angeleitet.

Die tiefe Nase erleichtert es dem Hund zusätzlich, die Scheiben sofort zu finden und auch aufnehmen zu können. Der Hund fokussiert sich dadurch auf den Duft der Bodenverwundung und nicht auf mögliche Ablenkungen.

Hund überwindet „Durststrecken"

In der Fährte haben Sie bewusste **„Störungen"** eingebaut, nämlich Bereiche, in denen keine Frankfurterscheiben liegen. An diesen Teilbereichen der Fährte können Sie überprüfen, ob der Hund der Bodenverwundung folgt und damit wieder zum Erfolg des Findens gelangt. Bei Nachsuchen auf der Wundfährte gibt es oft lange Fährtenstrecken ohne Wildschweiß.

Hund lernt leichter durch Ritualisierung

Im Ablauf der Übungen haben Sie bereits **Rituale** verankert (siehe z. B. S. 50, 64, 71–72ff.) die es dem Hund erleichtern, zu verstehen, was von ihm verlangt wird.

- „Anriemen"
- „Ablegen" vor Anschuss-Untersuchung
- „Finden – Lob – Abtragen"

Es wurde ein Fundament gelegt, damit das gewünschte Verhalten auch bei zukünftigen künstlichen Fährten oder schwierigen Schleppen (siehe ab S. 111 bzw. 125) gezeigt wird.

Signale und Verhalten des Hundes deuten

Sie haben zusätzlich an Erfahrung gewonnen, da Sie Ihren Hund in seinem **Verhalten** am Anschuss, auf der Fährte und an den bewusst angelegten „Störungen" beobachten und erleben konnten (siehe S. 105, 106).

Durch diese Beobachtungen und Erfahrungen werden Sie erkennen lernen, ob ihr Hund **„auf der Fährte"** ist. Das gezeigte Verhalten, wie z. B. die Änderung der Rutenstellung, der Kopf- und Körperhaltung usw. (siehe S. 105, 106, 153) sowie möglicherweise auch die Änderung des Tempos sind für Sie die **„Signale"** des Hundes, aus denen Sie Rückschlüsse ziehen können. Der Hund sendet und Sie sollten auf „Empfang" gestellt sein. Eine gute und richtige Kommunikation zwischen „Sender" und „Empfänger" ist für eine erfolgreiche Nachsuchenarbeit immens wichtig. Durch gezieltes Training und die „Auswertung" der Signale können Sie das Verhalten Ihres Hundes besser deuten und verstehen. Die Verifizierung von Signalen ist für Sie wichtig, um zu erkennen, dass Ihr Hund in den jeweiligen Situationen stets **dasselbe Verhalten** zeigt. Die **Kontrolle** gibt Ihnen Sicherheit für die weitere Ausbildung und Arbeit.

WICHTIG! Beobachten und Signale deuten

Nur wenn Sie Ihren Hund lesen und deuten können, können Sie auch die entsprechenden Rückschlüsse ziehen.

Zusätzliche Empfehlungen

Die einzelnen Fährtenformen sollten so oft gearbeitet werden, bis diese als „einwandfrei" beurteilt werden können. Erst danach starten Sie das Training der nächsten Fährtenform. Halten Sie bitte Ihre standardisierten Abläufe ein, damit daraus die beschriebenen Rituale entstehen können. Sie erleichtern dadurch sich selbst, aber auch dem Hund die Ausbildung.

VII. STEIGERUNG DER SCHLEPPENARBEIT UM BEWUSSTE ABLENKUNGEN

VARIANTEN ZUR SCHLEPPENAUSGESTALTUNG

Schon ab der 13. Lebenswoche sollten mit dem Welpen Schleppen mit Wildbretteilen geübt werden. Die Einarbeitung auf der Schleppe durch einfaches Ziehen der jeweiligen Wildteile wurde bereits beschrieben (siehe voriges Kapitel, ab S. 75). Das Schleppwild (Haar- oder Federwild, ein Haupt von Reh- oder Rotwild etc.) wird an einer Schleppleine über den Boden gezogen. Damit wird der Wildgeruch auf den Boden übertragen. Der Hund hat nur dieser Duftspur zu folgen, um das Schleppwild zu finden. Die im Folgenden beschriebenen Varianten zur Schleppengestaltung dienen dazu, gezielte Ablenkungen für den Hund zu schaffen. Zusätzlich zur Schleppe wird eine Verleitung hergestellt, um den Hund in eine Konfliktsituation zu bringen: Folgt er der Schleppe oder der bewusst hergestellten Verleitschleppe?

Nun in dieser Ausbildungsphase wird der Schwierigkeitsgrad gegenüber den bereits trainierten L-U-S-Fährten dadurch erhöht: durch die Länge der Schleppen, durch zusätzliche Haken und Unterbrüche der Schleppen.

Schleppe mit Haken

Die nachfolgende Grafik zeigt eine Schleppe mit zwei Haken. Bei dieser Schleppe wird ein Rotwildhaupt gezogen und am Ende nicht sichtig abgelegt. Die Schleppe weist bei einer Gesamtlänge von ca. 150 Schritten zwei Haken auf.

Empfehlung: Trainieren Sie diese Schleppen am Riemen so lange, bis der Hund eine ca. 300 Schritte lange Schleppe einwandfrei ausarbeitet. Für diese Übung können natürlich verschiedene Form-Variationen vorgenommen werden. Auch die Stehzeit, also jene Zeit vom Anlegen bis zum Start der Arbeit, kann ausgedehnt werden. Nachfolgend stelle ich einige Schleppenvariationen vor:

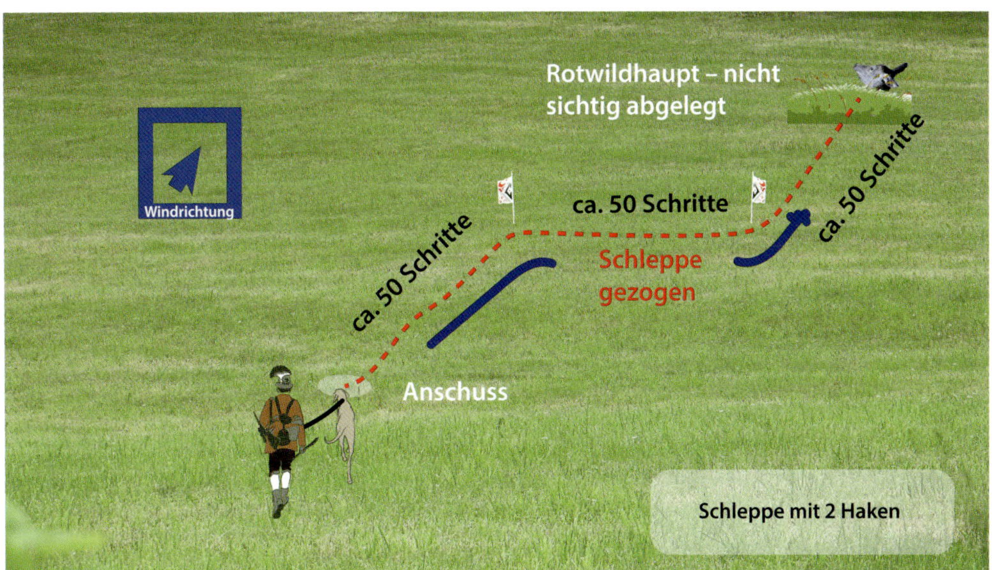

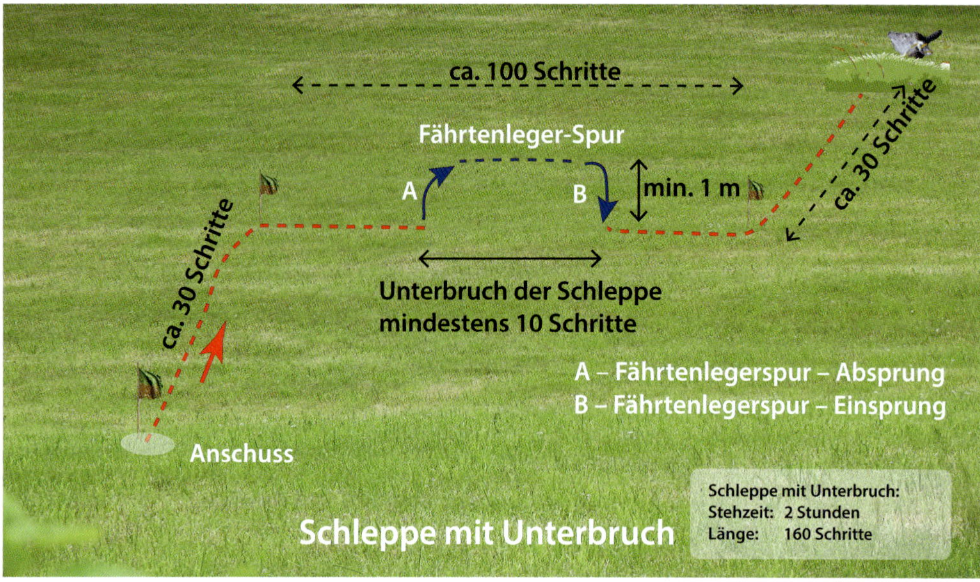

Schleppe mit Unterbrechung

Bei dieser Variante wird zusätzlich eine bewusste Ablenkung geschaffen, die als Unterbrechung der Wildschleppe ausgestaltet wird. Hier kann das Verhalten des Hundes beobachtet werden.

Am „Fährtenunterbruch“ (Unterbrechung der Fährte) springt man von der gezogenen Fährte ab und geht, ohne das Schleppwild am Boden zu ziehen, parallel zur Schleppe. Nach ca. 10 Schritten springt man wieder auf die gewünschte Fährte. Dadurch findet der Hund in der Ausarbeitung ein Stück der Schleppe ohne Wildwitterung vor. Es gibt eine Vielzahl an Möglichkeiten – der Kreativität sind somit keine Grenzen gesetzt.

TIPP! Beachten Sie:

Im Bereich des „Fährtenunterbruchs“ ist wieder genau auf die Reaktion des Hundes zu achten (vergleichen Sie auch die Beschreibungen bei den L-U-S-Fährten, ab S. 98): Welches Verhalten zeigt Ihr Hund? Beginnt er zu bögeln, so geben Sie ihm Zeit, die Fährte zu finden. Wird er lustlos, so setzen Sie ihn beim ersten Mal nach der Unterbrechung wieder an.

WIE VERHÄLT SICH DER HUND?

Wie beim Training von L-U-S-Fährten ist es auch bei der Schleppenarbeit wichtig, das Verhalten des Hundes und eventuelle Fehler zu beobachten.

Der Hund zeigt „Bögel-Verhalten“

Dieses Verhalten ist die logische Reaktion des Hundes, da er die Fährte finden will. Begrenzen Sie mit Ihrem Riemen den von der Fährte abweichenden Bereich auf ca. 5 bis

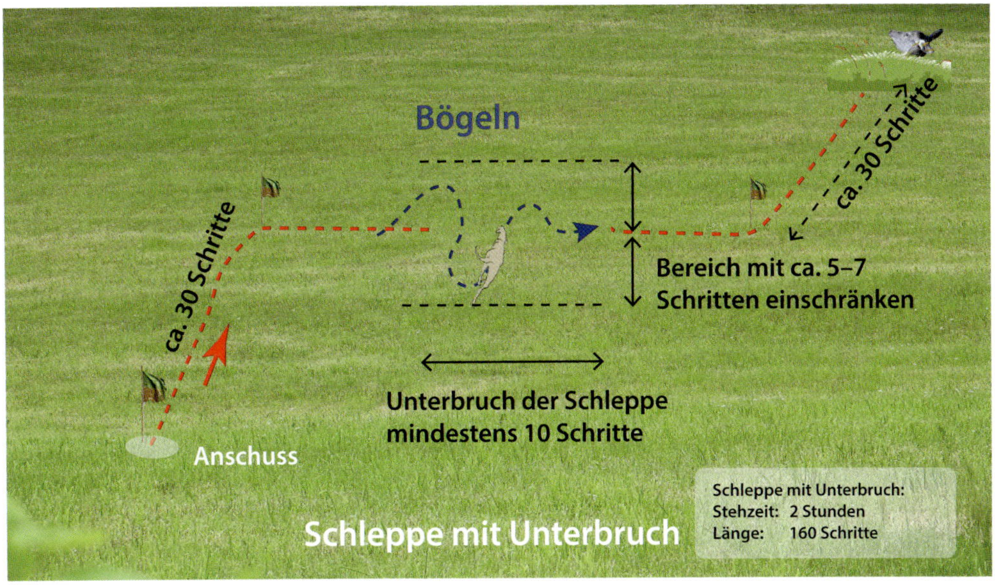

max. 7 Schritte (Riemenlänge: 8 Meter). Der Hund sollte nicht die Möglichkeit erhalten, weiter von der Fährte abzuweichen zu können, um in eine „Freie Suche" überzugehen. Sie können Ihren Hund beim Wiederfinden der Fährte folgendermaßen unterstützen:

- Spannung am Riemen
- Kommando „Zur Fährte"
- gezieltes „Lenken" mit dem kurzgegriffenen Riemen

Sollten die Maßnahmen nicht zum gewünschten Ergebnis führen, die Fährte wiederzufinden, so setzen Sie den Hund nach dem Bereich ohne Duftspur wieder an. Dieser Bereich der Schleppe ist mit Markierstöcken zu kennzeichnen. Dadurch stellen Sie sicher, dass Sie den Schleppenverlauf jederzeit wieder finden können

Arbeitstempo

Wird Ihr Hund auf der Wildschleppe am Riemen zu schnell, so gehen Sie einen Ausbildungsschritt zurück. Arbeiten Sie die Schleppe in **Teilbereichen** mit **Frankfurterscheiben**. Das reduziert das Tempo und macht die Nase tief. Die folgende Abbildung zeigt die Bereiche mit den Frankfurterscheiben. Der Abstand der Scheiben sollte ca. 50–70 cm betragen.

Abkommen

Wenn der Hund von der Schleppe abkommt, folgen Sie ihm vorerst einige Schritte. Pendelt sich der Hund nicht wieder auf die Fährte ein, fordern Sie ihn mit dem Kommando **„Zur Fährte"** zur Rückkehr auf die Fährte auf. Nimmt er dieses Kommando an, kann auf der Fährte weitergearbeitet werden.

Falls nicht, tragen Sie Ihren Hund ab und setzen Sie ihn nochmals am Anschuss an. Ein Neustart mit Kommando **„Such Verwundt"** folgt.

Klappt es weiterhin nicht, gehen Sie mit dem Hund am Riemen zum abgelegten Bringwild. Starten Sie am nächsten Tag einen weiteren Versuch.

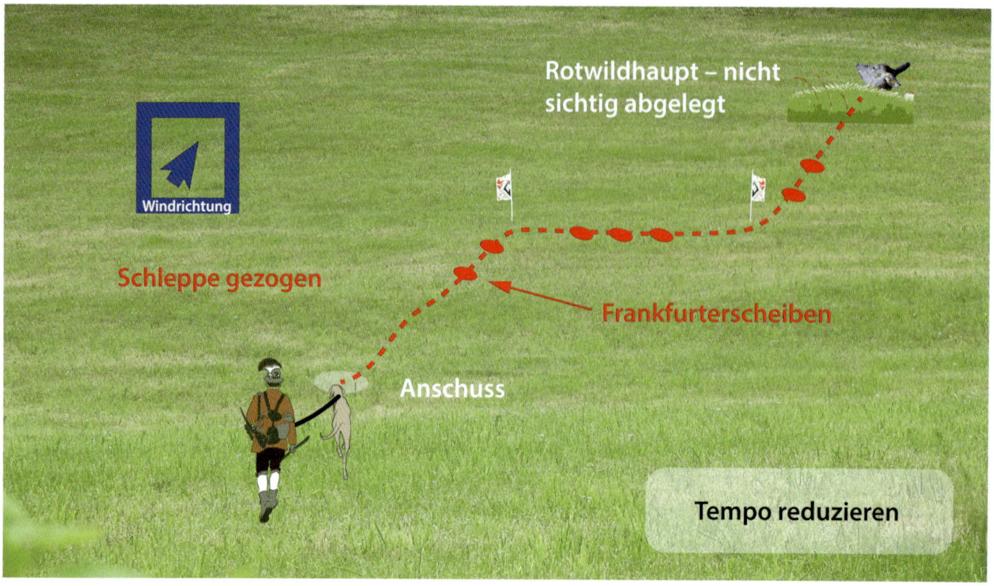

HINWEIS! Schleppe nicht selbst ziehen

Lassen Sie die Fährte von einer Hilfsperson ziehen.

Die Kommandos

Jeder Hund hat seine Wesenseigenschaften. Manche Hunde sind charakterfest und vertragen das eine oder andere laute Wort. Ziel ist es jedoch, mit ruhigen und leisen Kommandos zu arbeiten. Je nach Verhalten des Hundes (richtig oder fehlerhaft) sind die in der folgenden Aufzählung erwähnten Kommandos an den Hund zu richten.

SCHLEPPEN MIT VERLEITUNGEN

In der Nachsuchenpraxis sind Verleitungen an der Tagesordnung. Wild wechselt über die Krankfährte. Diese Verleitungen sind jünger als die Fluchtfährte und weisen daher eine höhere Duftintensität auf. Das macht eine Verleitung für den Hund interessant.

Der Hund ist aufgrund seiner Nasenleistung in der Lage, die Fährten zu unterscheiden. Entscheidend ist in diesen Konfliktsituationen, dass der Hund der Fluchtfährte folgt.

Welcher Fährte folgt der Hund?

Daraus leitet sich die Frage ab: Wie erkennt die hundeführende Person, dass der Hund der Verleitung folgt?

In den vorangegangenen Kapiteln wurde immer wieder auf das **Deuten und Lesen** des Hundes hingewiesen. Sie sollten mittlerweile feststellen und erkennen können, dass Ihr Hund eine typische Rutenstellung und Körperhaltung (siehe z. B. S. 105, 106) einnimmt, wenn er der auszuarbeitenden Fährte folgt.

Eine **Verleitung** ist eine Konfliktsituation für den Hund und daher wird diese Konfliktsituationen im Training bewusst herbeigeführt und aktiv bearbeitet. Das **Ziel** ist, erfolgreich zum Fährtenende zu gelangen

Bewusst angelegte **Verleitschleppen** erfüllen diese Anforderung. Da Sie um den Umstand der Verleitung Kenntnis haben und auch den Verleitpunkt markiert haben, können Sie das Verhalten Ihres Hundes am „Konfliktpunkt" im Detail beobachten und nötigenfalls Korrekturmaßnahmen einleiten, damit der Hund die Suche positiv beenden kann. Dadurch sind Sie in der Lage, das Verhalten des Hundes bei einer Annahme der Verleitung zu erkennen. Die zum Erfolg führenden Einwirkmaßnahmen auf den Hund helfen Ihnen beim Training wie auch bei späteren natürlichen Nachsuchen.

Die EMS-Verleitungen

- **E**: Verleitung an **e**inem Punkt der Schleppe
- **M**: Verleitung in der **M**itte der Schleppe
- **S**: Verleitung wird in Form des Buchstabens **S** angelegt, daraus ergeben sich 3 Verleitpunkte

Das folgende Bild zeigt ein Fährtentraining. Die rote Linie ist die „getretene" angelegte Fährte. Der gelbe Pfeil zeigt in Richtung der Verleitung.

Die rot strichlierte Linie zeigt den Fährtenverlauf. Der Hund folgt einer Verleitung.

Ablauf

Eine Wildschleppe wird gezogen, um danach mit einer anderen Wildart eine Verleitung herzustellen. Achten Sie beim Anlegen auf den Wind und ausreichende Markierungen, damit Sie die Verleitpunkte klar erkennen können. An den Verleitpunkten sind Markierstöcke anzubringen.

Die Verleitschleppen sind in den folgenden Abbildungen in gelber Farbe dargestellt. Diese sind von einer Hilfsperson anzulegen.

Bei der Herstellung der Schleppe und der Verleitung ist der Hund nicht sichtig abzulegen. Halten Sie nach dem Anlegen der Schleppe und der Verleitung eine Wartezeit vorerst von ca. 30 Minuten ein. Erst dann wird mit der Ausarbeitung gestartet. In weiterer Folge können Sie die Standzeit auf 2 Stunden steigern.

Die Schleppe wird von einer Hilfsperson gezogen, die danach auch die Verleitschleppe anlegt. Verwenden Sie als Verleitwild vorerst einen Hasen. Eine Steigerung können Sie herbeiführen, wenn die Fährte mit einem Rotwildhaupt und die Verleitung mit einem Rehwildhaupt hergestellt wird. Sie können die Fährten und Schleppen natürlich auch variieren. Es ist darauf zu achten, dass die Hilfsperson den Schleppenbereich großräumig umgeht.

Die Verleitschleppe sollte ca. 30 Schritte vor dem Verleitpunkt begonnen werden und ca. 30 Schritte nach dem Verleitpunkt enden. Das Verleitwild wird danach abgehoben.

Wie bereits gewohnt starten Sie die Vorbereitungen zur Fährtenausarbeitung. Zu beachten sind:

- Windrichtung kontrollieren
- Hund nicht sichtig ablegen
- Auslegen des Reh- oder Rotwildhauptes, das auch zum Schleppeziehen verwendet wurde (kurz vor Start des Trainings)

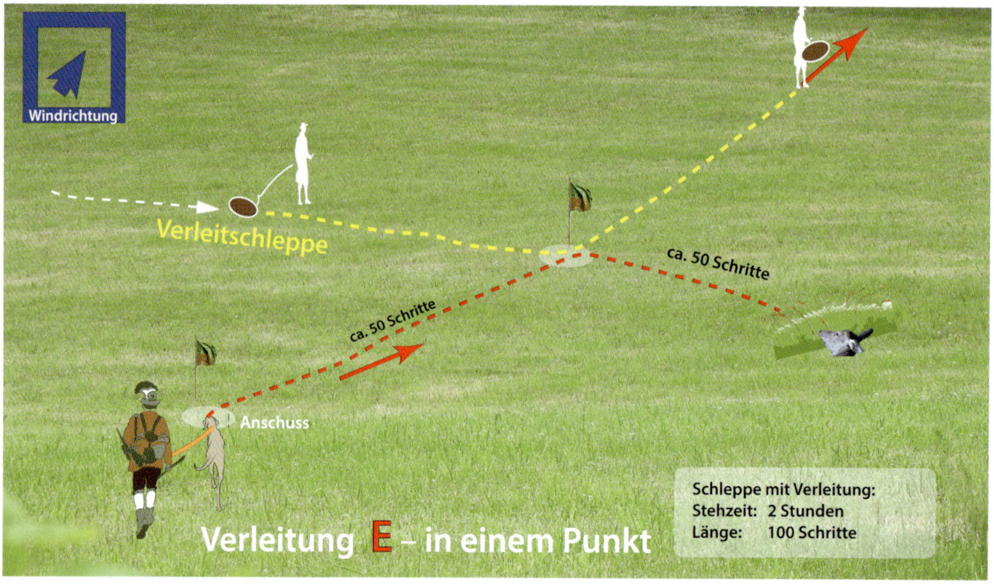

- Untergrund: Wiesenbewuchs – abgeerntet
- Hilfsperson steht abseits

Unten und auf der nächsten Seite sind M- und S-Verleitung dargestellt, die den Schwierigkeitsgrad erhöhen. Auch in der Nachsuche auf beschossenes Wild können Sie diese Situationen vorfinden. An allen Verleitpunkten hat der Hund den Konflikt, ob er wie gewünscht der Fährte folgt oder sich

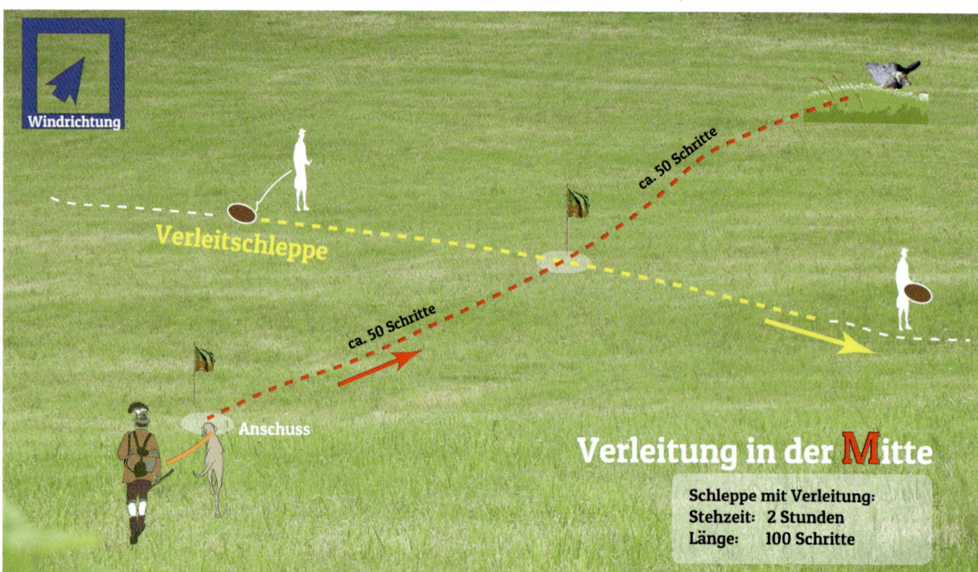

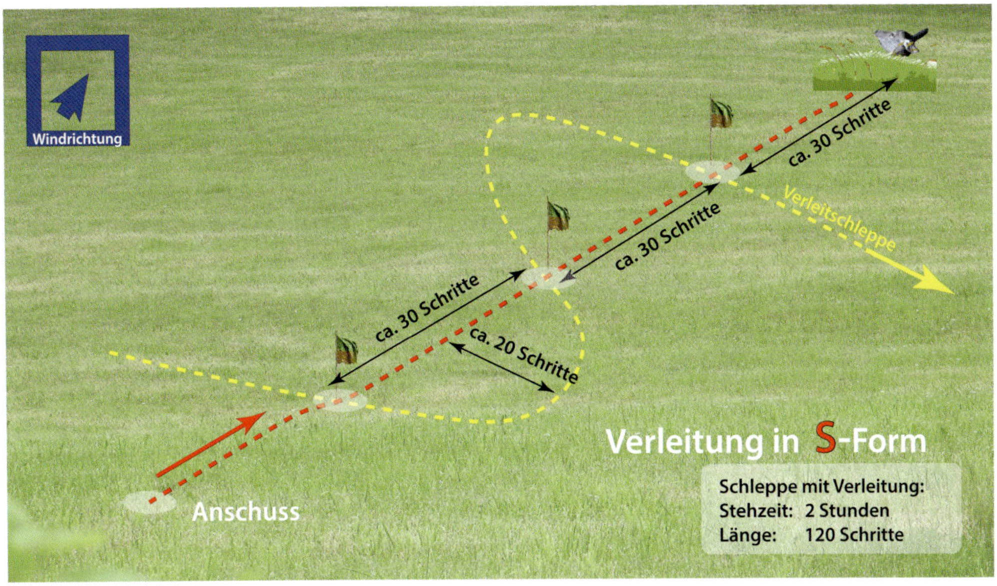

der Verleitung widmet. Sie sind an diesen markierten Punkten gefordert, das Verhalten Ihres Hundes genau zu beobachten und gegebenenfalls aktiv einzugreifen. In diesem Trainingsschritt lernen Sie, Ihre Handlungsweise und das eventuell notwendige Eingreifen in dieser Situation anzupassen.

PROBLEMSTELLUNGEN

Hund nimmt Verleitung an

Der Hund gelangt an den Verleitpunkt und folgt der Verleitfährte. Geben Sie dem Hund vorerst die Möglichkeit, dieser zu folgen. Achten Sie dabei auf sein Verhalten:

- Lässt er von der Verleitung ab und pendelt sich wieder ein, loben Sie den Hund mit „**Brav ist er**“.
- Folgt er der Verleitfährte mehr als 20 Schritte, geben Sie das Kommando „**Zur Fährte**“. Nimmt er den Befehl an und kehrt zur richtigen Fährte zurück, hat er es perfekt gemacht. Sie wissen, dass der Hund das Kommando verinnerlicht hat.
- Nimmt er das Kommando nicht an, so tragen Sie den Hund ab. Danach setzen Sie ihn kurz vor dem Verleitpunkt wieder auf der Fährte mit dem Kommando „**Such Verwundt**“ an.
- Arbeitet der Hund nun die Fährte auch über den Verleitpunkt (richtige Fährte) bis zum Ende aus, ist das Training ebenfalls erfolgreich abgeschlossen.

Funktioniert es weiterhin nicht:

- Tragen Sie den Hund nochmals ab und führen ihn zum Bringwild, um das Training positiv zu beenden.

Brechen Sie nun das Training ab und gehen Sie zum **Grundlagentraining zurück**. Der Hund hat noch eindeutiger zu lernen, dass

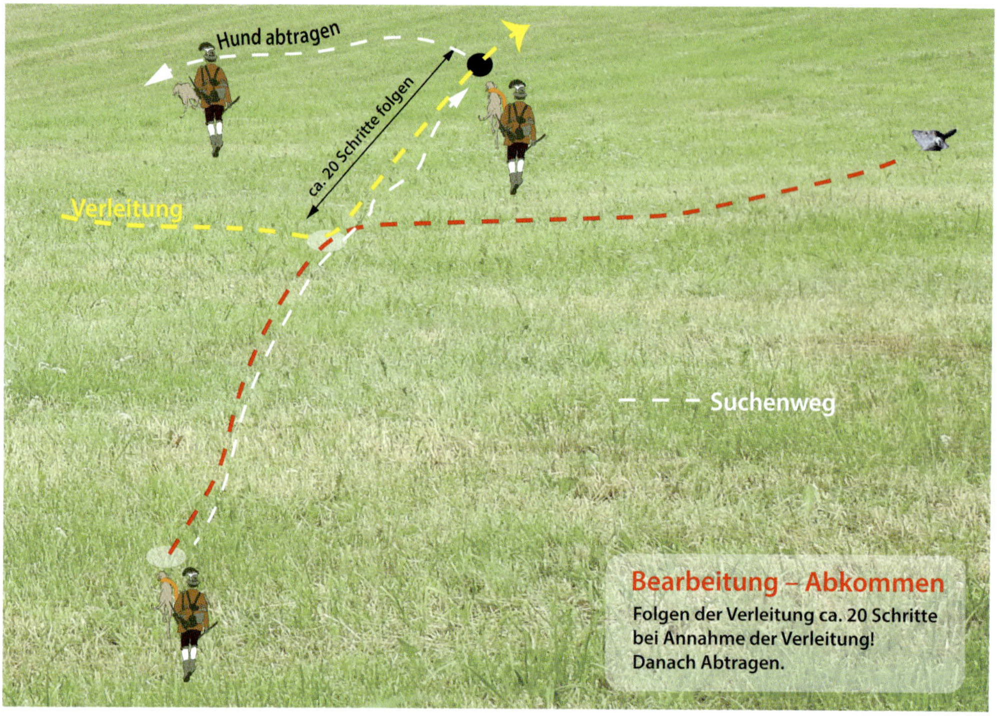
Hund abtragen
ca. 20 Schritte folgen
Verleitung
Suchenweg
Bearbeitung – Abkommen
Folgen der Verleitung ca. 20 Schritte bei Annahme der Verleitung! Danach Abtragen.

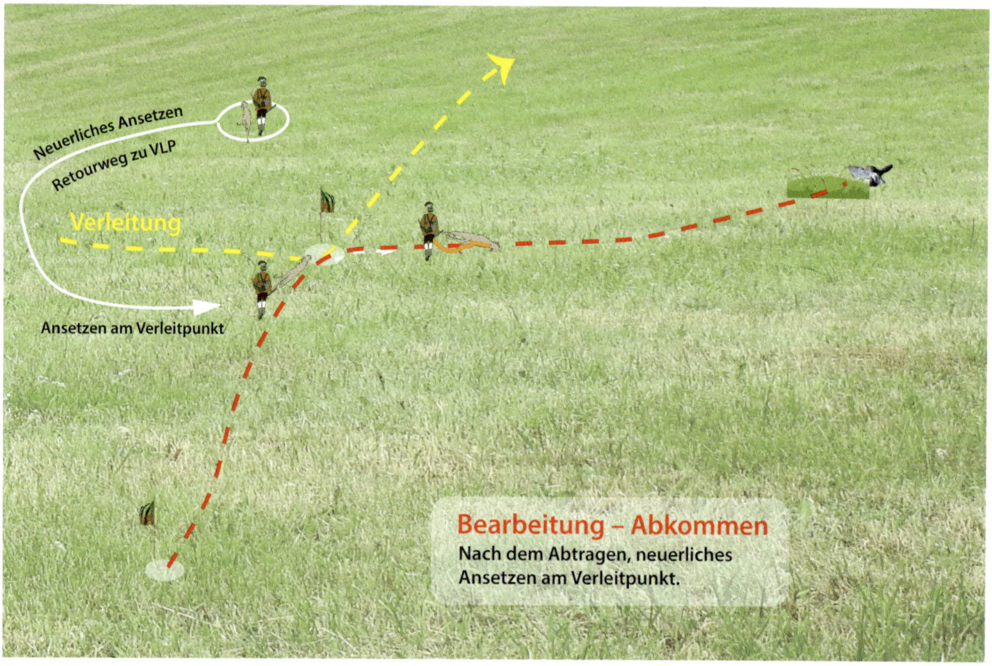
Neuerliches Ansetzen
Retourweg zu VLP
Verleitung
Ansetzen am Verleitpunkt
Bearbeitung – Abkommen
Nach dem Abtragen, neuerliches Ansetzen am Verleitpunkt.

der Erfolg und damit die Belohnung nur mit der Ausarbeitung der Fährte erfolgt.

Lernziele

Mit diesen Schleppen lernen Sie:

- Was motiviert den Hund?
- Wann benötigt der Hund Erholung?
- Wie können Sie Konfliktsituationen lösen?
- Welche „Ansprache“ benötigt Ihr Hund?

Sie sollen, gemäß den Anforderungen, gemeinsam wachsen. Gemeinsame Erfahrungen im Training oder auch in den Ruhephasen sind die Bausteine des Gespannerfolgs.

Konsequentes Arbeiten führt zum Erfolg

In der Ausbildung von Jagdhunden habe ich immer wieder erlebt, dass junge Hunde bereits sehr gute Leistungen zeigten, die führende Person aber später mit einem „ungehorsamen Hund“ überfordert war und in dieser Situation des Ungehorsams und Fehlverhaltens mangels erlebter Rückschläge keine Problemlösungsansätze finden.

Die Erfahrungen aus Rückschlägen regen einerseits die Auseinandersetzung mit dem „Warum“ an und sollten die Kreativität steigern, andere Ansätze im Trainingsaufbau, im Verhalten und im Umgang mit ihrem Hund zu finden. Falls Sie dennoch an manchen Punkten nicht weiterwissen, sind auf meiner Homepage viele Schulungsvideos mittels QR-Code abrufbar (siehe S. 165).

Dazu zählen beispielsweise Schulungsvideos für die Bereiche:

- Grundgehorsam
- Anschusstraining
- L-U-S -Fährten mit Anlegen | Training und Analyse
- Hasenschleppe mit Anlegen | Training …

Trainingsdokumentation

Für die Dokumentation und Analyse des Schleppentrainings gibt es ebenfalls wieder ein Formular:

Checkliste Schleppe mit Verleitung

Datum:		Trainings-Nr.:		Wind:		schwach		stark
Wetter:		Temperatur:		Gelände:		Wiese		Wald
Trainings-Dauer:		Ort:		Ablenkungen		ja		nein
Hund:				Bewertung (UZ)	0	unzureichend	1	genügend
Führer:					2	befriedigend	3	gut
Begleitperson:					4	sehr gut		sonstiges

UZ	**Hund:**
	Ruhe
	Konzentration
	Anschuss
	Kommandos
	Haken
	Tempo
	Fährtenwille
	Ausdauer
	Riemenarbeit

Notizen

UZ	**FührerIn:**
	Vorbereitung
	Kommandos
	Anschuss
	Einweisung
	Verhalten
	Rituale

Notizen

UZ	**Schleppe:**
	Anlage
	Wind
	Örtlichkeit

Notizen

Art	**Verleitung**
	E-Verleitung
	M-Verleitung
	S-Verleitung

BW	**Verleitung**
	korrekt
	Annahme
	Korrektur
	Kommando
	neuerliches Ansetzen

Skizze
zeichnen Sie hier Ihre Übungsanordnung ein

Die Analyse der praktischen Schleppenarbeit

Arbeitsbereich	UZ	Erwünschtes Verhalten	Bewertung	Maßnahmen
Schleppenarbeit – Hund				
Anschuss-annahme		nimmt diesen nach Einweisung an	< 3	Motivation notwendig
Schleppen-ausarbeitung		tiefe Nase, konzentriert, langsam	< 2	Training intensivieren
Anzeigen der Verweiserpunkte		eindeutiges Verhalten am Verweiserpunkt	< 3	Check des Verhaltens/ Trainings
Verhalten bei Verleitung		auf der Schleppe bleiben	< 3	zurück zur reinen Schleppenarbeit
Arbeitswille		will das Wild finden	< 3	motivierendes Training
Summe		*20: optimal | 15: Training optimieren | 10: an Grundlagen arbeiten*		
Schleppenarbeit – Führer				
Kommandos		klar und zum richtigen Zeitpunkt	< 4	Reflexion, Reaktionsgeschwindigkeit
Verhalten		ruhig und unterstützen, auch motivierend	< 4	Reflexion, Anpassungen
Vorbereitung		Rituale, Ausrüstung, Gelände, Hilfsperson	< 4	Abläufe analysieren, Anpassungen
Summe		*12: optimal | 9: verbessern | 6: an Grundlagen arbeiten*		

VIII. TRAINING MIT DEM FÄHRTENSCHUH

DIE ARBEIT AUF KÜNSTLICHER FÄHRTE

Bevor ich Ihnen nun ausführlich das Training mit dem Fährtenschuh beschreiben werde, finden Sie in der folgenden Tabelle eine übersichtliche Zusammenfassung aller schon in den vorherigen Kapiteln beschriebenen Trainingsschritte die künstliche Fährtenarbeit betreffend:

siehe Seite	Art der Einarbeitung	Hilfsmittel	Ziel
31ff.	Futterschleppe	Futtersack kurze Leine Futterdose Leckerlis	Konditionierung des Welpen Start: ab 12. Lebenswoche
75ff.	Wildbretschleppe	Schwarte oder Decke Futterdose	Weitere Konditionierung Start: ab 13. Lebenswoche
69ff.	Anschuss-Einarbeitung	Frankfurterscheiben Rotwildschweiß kurze Leine	Verknüpfung des Befehls „Such Verwundt“ Start: ab 13. Lebenswoche
98ff.	L-U-S-Fährten	Frankfurterscheiben Markierstöcke Halsung/Geschirr Schweißriemen Futterdose	Verknüpfung Bodenverwundung mit Belohnung; Deuten des Hundes, konzentriertes ruhiges Arbeiten Start: ab 16. Lebenswoche
114ff.	Verleitung auf der Schleppe	Markierstöcke Halsung/Geschirr Schweißriemen Haupt für Schleppe, Hase für Verleitung	Erkennen des Verhaltens bei der Verleitung Start: ab 19. Lebenswoche wenn L-U-S-Fährten einwandfrei gearbeitet werden
125ff.	getretene Fährte	Fährtenschuh Markierstöcke Halsung/Geschirr Schweißriemen	weitere, verstärkte Konditionierung auf die Bodenverwundung Start: ab 22. Lebenswoche
127ff.	getretene Fährte mit Schweiß (gFmS)	Fährtenschuh Markierstöcke Halsung/Geschirr Schweißriemen Schweiß	300 Schritte 50 ml Schweiß Stehzeit: 4 STD Start: 23. bis 24. Lebenswoche
129ff.	gFmS und Verweiserpunkte	wie gFmS, zusätzlich: Wildbretteile	wie gFmS und Anzeigen der Verweiserpunkte Start: ab 25. Lebenswoche

Voraussetzungen/Basis

Das gesamte Grundlagentraining und die Abläufe wurden bereits in den vorigen Kapiteln ausführlich beschrieben und in den Trainingsanleitungen dargestellt.Folgende Trainingsinhalte sollten also vorab bereits verinnerlicht sein:

- Grundgehorsam (siehe S. 10, 23, 38ff., 57ff.)
- Konditionierung auf die Bodenverwundung (siehe S. 88ff., 98ff.)
- Anschusstraining (siehe S. 69ff.)
- Schleppen mit Futter und Wild (siehe S. 31ff., 75ff.)
- L-U-S-Fährten (siehe S. 98ff.)
- Schleppen mit Verleitungen (siehe S. 114ff.)
- Rituale (siehe z. B. S. 50, 63ff., 71ff.)

Neben diesen Ausbildungsschritten sind parallel die weiteren rassenspezifisch notwendigen Arbeitsfächer zu trainieren. Beispielhaft sei hier das Apportieren, die Feldsuche, das Freiverloren, das Stöbern und das Brackieren erwähnt. Je nach der Rasse Ihres Jagdgebrauchshundes werden diese prüfungsrelevanten Arbeitsfächer in den jeweiligen Prüfungsordnungen festgelegt. Die Nachsuchenarbeit auf künstlicher Fährte ist aber bei allen Jagdgebrauchshunden notwendig. Die nachfolgenden Ausbildungsschritte sind die Grundlage, Sie und Ihren Hund zum fermen, erfolgreichen Nachsuchengespann zu formen. Daher widmen wir uns diesem weiteren Ausbildungsschritt, der getretenen Fährte mit Fährtenschuh.

Auf den folgenden Seiten erhalten Sie Trainingsanleitungen, damit Sie die weitere Ausbildung gut meistern können.

Ausrüstungsgegenstände und Hilfsmittel

- Nachsuchenhalsung oder -geschirr
- Schweißriemen mit mindestens 8 Metern Länge
- Markierbänder und -stöcke
- Verweiserpunkte
- Schweißflasche und Schweiß
- Wildbretteile
- Wildhaare
- Fährtenschuh in geschlossener Ausführung
- Schalen für den Fährtenschuh
- ev. Tracking-App zum Aufzeichnen der Fährte

Die meisten Gegenstände, die Sie für getretene Fährten benötigen, sind auch schon auf S. 97 aufgelistet und beschrieben. Schaffen Sie sich einen Vorrat von Wildschalen, Wildschweiß und Wildbretteilen an. Diese lagern Sie in der Tiefkühltruhe.

Neu sind lediglich die Fährtenschuhe, die mit Rot-, Reh- oder Gamswild-Schalen bestückt werden.

Fährtenschuh für getretene Fährten

Der Fährtenschuh soll geschlossen und beweglich sein, die Schalen können eingeklemmt werden. Fährtenschuhe wie das Model „Wasgau" bieten auch im steileren Gelände guten Halt. Die Fährten sind so zu markieren, dass sie relativ leicht wiedergefunden werden können und für Sie als führende Person erkennbar sind. Ich nutze außerdem eine Fährten-APP, die es mir erlaubt, die getretene Fährte mittels GPS aufzuzeichnen und nach meiner gewählten

Stehzeit die Fährte wieder abzugehen. Zusätzlich benötigen Sie für getretene Fährten auch Wildbretteile, das können z. B. Teile aus Wilddecken, Haare aus der Decke oder Knochenteile sein. Achten Sie darauf, dass die verwendeten Wildbretteile von der gleichen Wildart stammen wie die Schalen, die in den Fährtenschuhen zum Einsatz kommen.

DIE GETRETENE FÄHRTE

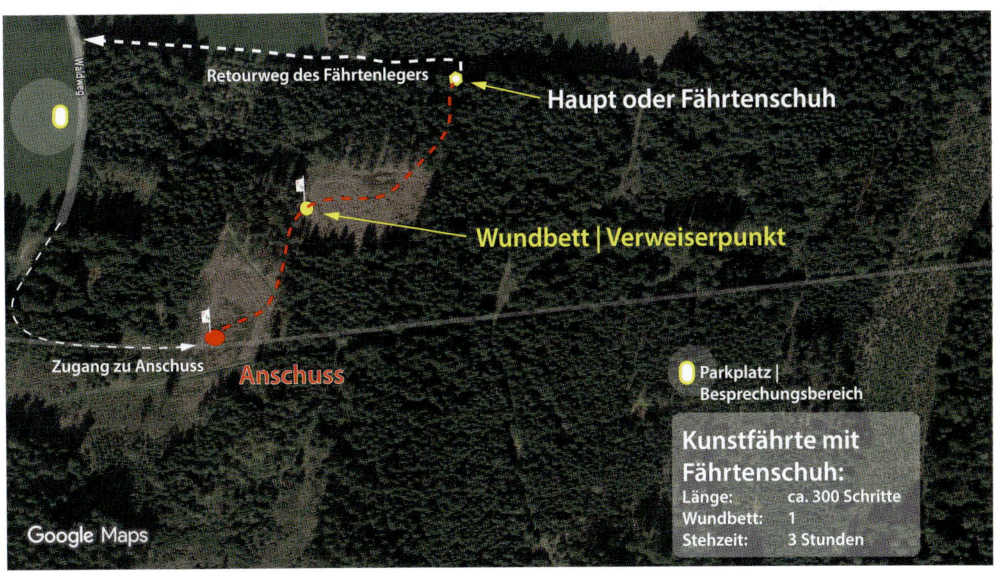

Bilder © 2026 Airbus,Bilder © 2026 Airbus,Maxar Technologies, Kartendaten © 2026

Anlegen von getretenen Fährten

Folgende Empfehlungen berücksichtigen:

- Geländeauswahl: in ebenem Gelände bzw. lichtem Hochwald starten
- Fährte, Wundbette und Verweiserpunkte von einer beigezogenen Person anlegen und markieren lassen
- Fährte von Hilfsperson treten lassen, Schweiß in geringen Mengen verwenden
- Schwierigkeitsgrad nach und nach erhöhen

Die Gelände-Auswahl/Vorbereitung

Zu Beginn gilt es, ein entsprechendes Gelände für die erste künstliche Fährte zu finden. Die ersten Fährten sollten in einem ebenen Gelände angelegt werden. Lichter Hochwald erleichtert das Ausschildern und das Treten der künstlichen Fährte.

Fährte, Wundbette und Verweiserpunkte markieren

Ist das Gelände gefunden, wird die Fährte gut ausgeschildert, Wundbette und Verweiserpunkte werden markiert und zusätzlich mit getropftem Schweiß versehen. Führen Sie diese Arbeiten mit einer Hilfsperson durch.

Die Fährte ist klar und ausreichend zu markieren, damit Sie den Verlauf immer im Überblick haben. Dadurch stellen Sie sicher, dass Sie der Fährte exakt folgen können und Ihren Hund in seinem gezeigten Verhalten genau beobachten können. Kopfhaltung, Rutenstellung und Körperspannung sind für Sie die wesentlichen Indikatoren (siehe S. 105, 106, 153).

Fährte treten und mit Schweißtropfen versehen

Zwischen dem Ausschildern und dem Treten der Fährte sollten zumindest zwei Tage liegen. Durch diese Wartezeit wird verhindert, dass Ihre Abschilferungen noch auf der Fährte vorhanden sind. Die Hilfsperson kennt den Fährtenverlauf ebenfalls und kann diese nach der empfohlenen Stehzeit ohne Ihre Anwesenheit mit einem geschlossenen Fährtenschuh (siehe S. 125) anlegen. Zusätzlich wird die Fährte mit getropftem Schweiß versehen.

Schwierigkeitsgrad erhöhen

Der Start der Fährtenarbeit erfolgt mit einfachem Schwierigkeitsgrad.

Einfache Fährtenausgestaltung:

- lichter Hochwald mit gut sichtbaren Bodenverwundungen
- vorerst kurze Fährtenlänge
- kürzere Standzeiten der Fährten (maximal drei Stunden)
- höhere Schweißmenge entlang der Fährte

Schwierigere Fährtenausgestaltung

Erst wenn die einfache Fährtenausgestaltung einwandfrei funktioniert, kann der Schwierigkeitsgrad gesteigert werden:

- Verringerung der Schweißmengen
- Anzahl der Haken erhöhen
- Verleitungen anbringen
- Standzeiten der Fährte erhöhen
- keine Markierungen anbringen (zur Steigerung Ihres Vertrauen zum Hund)
- Geländevariationen
- Widergang (siehe ab S. 154).
- verschiedene Wetterbedingungen nutzen

DIE AUSGESTALTUNG DER GETRETENEN FÄHRTE

Anschuss

Der Bodenbereich am **Anschuss** wird aufgestoßen, Wildbretteile werden eingelegt und Schweiß wird aufgespritzt/aufgetropft.

Fährtenabgang

Ausgehend vom Anschuss wird der Fährtenabgang als zusätzliche Hilfestellung mit Schweißtropfen auf einer Länge von ca. 10 Schritten versehen. Die folgenden ca. 140 Schritte werden nur mit dem Fährtenschuh und den darauf montierten Schalen getreten (Schalen, Schweiß und Wildbretteile/ Haupt müssen von derselben Wildart stammen).

Wundbett mit Wildbretteilen

Nach ca. 150 Schritten, gemessen ab Anschuss, wird das Wundbett angelegt. Das Finden in Verbindung mit Futtererfolg haben Sie bereits bei den L-U-S-Fährten (siehe S. 98ff.) kennengelernt. Als zusätzlichen

Anreiz für Trainingsfährten werden auf getretenen Fährten Wundbette mit Wildbretteilen angelegt. Der Boden wird mit dem Fährtenschuh aufgestoßen, das vorbereitete Gefäß mit den Wildbretteilen in den Boden versenkt (oder die Wildbretteile werden am markierten Wundbett auf den Boden gelegt) und zusätzlich wird Schweiß aufgetropft. Als Wildbretteile eignen sich Teile von Wilddecken oder Knochenteile.

Gelangen Sie mit dem Hund zum Wundbett, wird er die ausgelegten Wildbretteile finden, möglicherweise auch aufnehmen. Das bestätigt Ihnen, dass der Hund exakt auf der Fährte arbeitet. Das Ziel ist es, dass der Hund die Wildbretteile verweist, also Ihnen klar anzeigt. Bei Trainingsfährten haben Sie das Wundbett klar markiert. Da Sie einige Schritte hinter dem Hund sind, sollte es nicht so sein, dass der Hund die Wildbretteile im „Vorübergehen" aufnimmt. Der Hund soll Ihnen mit einem klar erkennbaren Verhalten das Wundbett anzeigen. An späterer Stelle werde ich Ihnen eine Möglichkeit zeigen, wie Sie die möglicherweise nicht erkennbare Aufnahme verhindern können.

Wie im Bild dargestellt, ist das Wundbett für Sie klar erkennbar markiert. Dadurch erhalten Sie die Gewissheit, dass Ihr Hund die Fährte exakt ausgearbeitet hat. Zusätzlich können Sie aus seinem Verhalten Rückschlüsse ziehen, wie er sich an dieser Wundbettausgestaltung verhält.

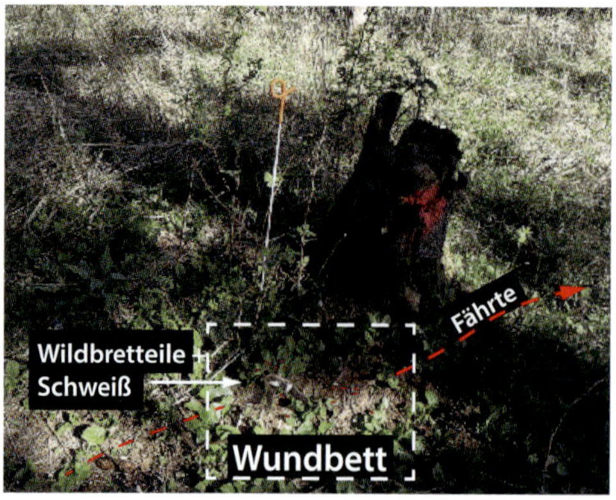

Weiterer Fährtenverlauf/Pirsch- und Fährtenzeichen

Nach dem Wundbett wird auf den folgenden ca. 15 Schritten Fährtenlänge Schweiß getropft. Der weitere Fährtenverlauf wird nun wieder „nur" getreten. Die letzten Meter bis zum Fährtenende, ca. 10 Schritte, werden wieder mit Schweißtropfen versehen. Weiters können auch Verweiserpunkte gelegt werden.

Pirsch- und Fährtenzeichen können sein

- Schweißtropfen am Boden, an Sträuchern/Steinen/Ästen
- Wundbette
- Haare
- Wildbretteile
- Trittsiegel

Verweiserpunkte (VWP)

Verweiserpunkte können ganz leicht **selbst hergestellt** werden: Verwenden Sie einen Rotwildlauf und lösen Sie davon Wildbretteile ab. Geben Sie diese in ein gereinigtes Glasbehältnis. Hierfür eignen sich Marmeladegläser mit Schraubverschluss.

Danach bohren Sie in den Deckel Löcher mit ca. 8 mm Durchmesser. Glätten Sie die Löcher anschließend mit einem Hammer, sodass an der Oberseite des Deckels keine scharfkantigen Ränder entstehen, um Verletzungen des Hundes zu verhindern. Die Löcher werden mit einem Taschentuch abgedeckt und mit Klebeband befestigt. Der Duftcocktail der Wildbretteile soll vor Anlage auf der Fährte im Glas verbleiben.

Damit sich die Duftstoffe im Glas entwickeln und entfalten können, werden diese noch zu Hause mit einem Föhn erwärmt.

Die Verweiserpunkte werden entlang der Fährte angeordnet. Für die persönliche Orientierung, also zum besseren Erkennen, markieren Sie einen Ast oder Baum mit Markierband oder Forstspray.

Sie können diese derart hergestellten Verweiserpunkte nach Verwendung wieder einfrieren. Damit bleiben sie mehrmals verwendbar, vor jeder Arbeit sind sie aber aufzutauen.

Fährtenlängen

1. Fährte: 300 Schritte

- 1 Wundbett
- 3 Stunden Stehzeit
- mit ca. 80 ml Schweiß

2. Fährte: 600 Schritte

- 1 Wundbett/1 Verweiserpunkt
- Übernachtfährte
- mit ca. 125 ml Schweiß

3. Fährte: 1200 Schritte

- 2 Wundbetten/2 Verweiserpunkte
- Übernachtfährte
- mit ca. 125 ml Schweiß

Die Motivation

Um für Sie und Ihren Hund positive Erlebnisse zu gewährleisten, beginnen Sie mit einfachen Fährten: kurze Standzeiten der Fährten (maximal 3 Stunden), erhöhte Schweißmenge entlang der Fährte (z. B. 250 ml für 500 Schritte. Der Hund soll dabei den Weg zum „Stück“ arbeiten, damit er seine Belohnung am Ende erhalten kann. Das Ziel ist, so die Motivation des Hundes zu steigern.

Lichter Hochwald mit gut sichtbaren Bodenverwundungen – Fährtenlänge ist vorerst kürzer zu halten

Das Fährtenende

Am Fährtenende wird das Haupt oder die Fährtenschuhe ausgelegt und der restliche Schweiß, aufgetropft. Der Fährtenleger springt danach ca. einen Meter vom abgelegten Haupt ab und zieht die Fährtenschuhe aus, um danach, mit großem Abstand zur Fährte, zum vereinbarten Treffpunkt zurückzukehren.

TRAINING AUF FÄHRTE MIT VERWEISERPUNKTEN

Für das Konditionieren auf die Verweiserpunkte legen Sie eine Trainingsfährte (Länge ca. 350 Schritte) an. Entlang der getretenen Fährte werden 3 Verweiserpunkte (VWP) positioniert. Diese sind, für Sie klar erkennbar, zu markieren. Das folgende Beispiel für eine getretene Fährte mit Verweiserpunkten zeigt ein Wiesenstück, die VWP werden mit Markierstöcken gekennzeichnet.

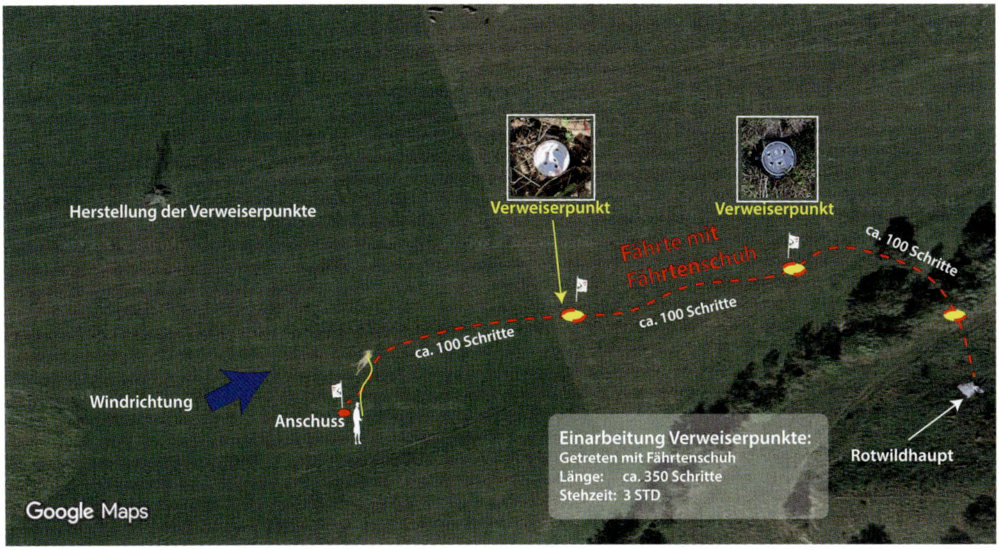

Bilder © 2026 Airbus,Bilder © 2026 Airbus,Maxar Technologies, Kartendaten © 2026

Mit der Tropfflasche bringen Sie Schweiß auf den Schalen auf, damit diese auch den Schweißgeruch aufnehmen können. Dieser wird dann beim Treten der Fährte auf die Bodenverwundung übertragen.

Der Anschuss ist mit den Fährtenschuhen herzustellen. Sie treten in einem Bereich von ca. 60 x 60 cm mehrmals die mit Schalen bestückten Fährtenschuhe in den Boden. Danach legen Sie Wildbretteile in diesem Bereich ab.

Den Anschuss bedecken Sie mit Ästen, die nicht zu dicht gelegt werden. Diese und der Boden werden mit Schweiß aus der Tropfflasche betropft (Menge: ca. 30 ml).

Ein Rotwildhaupt oder aber die Fährtenschuhe werden am Ende der Fährte abgelegt. Zur

Sicherung der Fährtenschuhe werden diese mit den Zugbändern an einem Baum fixiert.

Die Fährte wird gemäß der Grafik auf Seite 131 getreten. Entlang der Fährte werden die 3 VWP positioniert und die Abdecktücher von den „Verweiserpunktgläsern" werden entfernt (Herstellung siehe S. 129). Die erste Verweiserpunktfährte hat eine Stehzeit von ca. 3 Stunden. Erst nach dieser Wartezeit wird die Fährte gearbeitet.

Gewünschtes Trainingsergebnis

Es ist darauf zu achten, dass der Hund die Fährte exakt ausarbeitet. Der Erfolg ist nicht nur das Finden des Hauptes bzw. des Fährtenschuhs am Fährtenende, sondern die gesamte Arbeit auf der Fährte. Verweist der Hund der führenden Person die Wundbetten und Verweiserpunkte (Pirsch- und Fährtenzeichen), ist das die notwendige Bestätigung für Sie, dass der Hund auf der richtigen Fährte ist.

Am Ende der Fährte wird der Hund abgetragen, ausgiebig und gelobt (als zusätzliches Lob fungiert das Lieblingsfutter).

Die Suche auf Fährte

Der Hund wird am Anschuss angesetzt (Rituale einhalten, siehe S. 71ff.) und folgt der getretenen Fährte. Es ist wichtig, dass der Hund ruhig und langsam arbeitet, um Pirsch- und Fährtenzeichen, Wundbette, Verweiserpunkte usw. nicht zu überlaufen. Sie müssen diese erkennen können, damit Sie wissen, ob Ihr Hund richtig sucht. Sie müssen Ihren Hund im Training motivieren, diese Verweiserpunkte durch sein Verhalten ganz besonders anzuzeigen. Mit diesem gezeigten Verhalten können auch Sie den Verweiserpunkt finden. Somit ist wie auch an anderer Stelle beschrieben (siehe z. B. S. 106, 141) das richtige Deuten des Hundes die Grundlage des gemeinsamen Erfolges.

Anzeigen der Verweiserpunkte

Wenn der Hund die Fährte exakt ausarbeitet, kommen Sie zum ersten VWP. Der Hund zeigt für gewöhnlich den Verweiserpunkt an, indem er den Deckel des Glases interessiert und ausgiebig untersucht Zeigt er dieses Verhalten, loben Sie den Hund mit **„Brav ist der Hund"** und zusätzlich spornen Sie ihn mit **„Zeig mir"** an, dass er noch einige Zeit den VWP weiter untersucht. Danach fordern Sie ihn mit **„Such weiter"** auf, die Fährte weiter auszuarbeiten.

Fehlverhalten: der Hund überläuft den Verweiserpunkt

Wenn der Hund nicht exakt auf der Fährte ist, überläuft er natürlich den Verweiserpunkt. In dem Fall konzentrieren Sie sich auf den nächsten Verweiserpunkt. Überläuft er auch diesen, so geben Sie nach ca. 10 bis 15 Schritten das Kommando **„Halt"**. Gehen

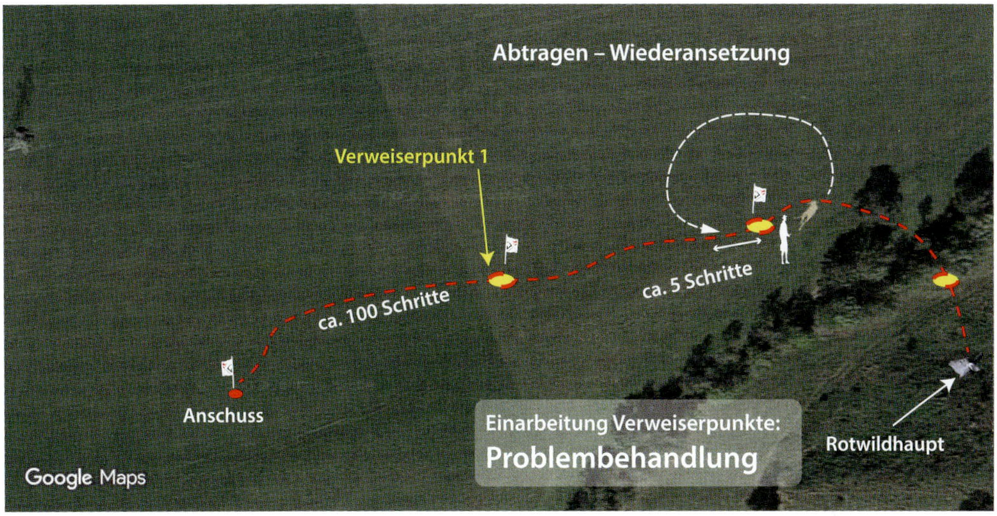

Bilder © 2026 Airbus,Bilder © 2026 Airbus,Maxar Technologies, Kartendaten © 2026

Sie mit dem Hund zurück zu Fährte und setzen Sie ihn ca. 5 Schritte vor dem Verweiserpunkt an (siehe auch den nächsten Punkt „Probleme & Lösungen").

Mit dem Kommando „**Such Verwundt**" und kurz gegriffenem Riemen, damit Sie den Hund lenken können, starten Sie neuerlich die Fährtenarbeit. Führen Sie den Hund so, dass er den VWP finden muss. Findet der Hund den VWP und untersucht ihn, so folgt er optimalerweise der Fährte weiter bis zum nächsten Verweiserpunkt bzw. Wundbett.

Sollte der Hund kein Interesse am Verweiserpunkt zeigen, er aber der Fährte weiterhin folgen, so arbeiten Sie weiter bis zum nächsten VWP.

Zeigt der Hund nun den Verweiserpunkt an, wurde eine weitere Verknüpfung hergestellt.

Falls nicht, arbeiten Sie die Fährte fertig und gönnen dem Hund zumindest ein positives Ergebnis.

PROBLEME & LÖSUNGEN

Verweiserpunkte wurden nicht angezeigt

Möglicherweise liegt es an der Art der Verweiserpunkte (Wildbretteile in Gläsern), wenn Ihr Hund die VWP überläuft. Warum ich trotzdem Glasbehälter für die Einarbeitung auf der künstlichen Fährte verwende, hat folgende Gründe:

- Da die VWP ca. 3 Stunden vor der Fährtenarbeit angelegt werden, könnten Wildtiere diese in der Zwischenzeit aufnehmen.
- Ein weiterer Grund für die Verwendung von Glasbehältern ist, dass der Hund die Wildbretteile im „Vorrübergehen" und daher für Sie möglicherweise nicht wahrnehmbar aufnehmen könnte.
- Glasbehälter können gereinigt werden und sind daher fast eigengeruchsneutral

Lösungsvorschlag

Wenn der Hund die in Gläsern angelegten Verweiserpunkte nicht anzeigt, so starten Sie einen neuen Versuch mit 3 VWP:

- erster VWP: in einem Glasbehältnis
- zweiter VWP: Bodenverwundung mithilfe des Fährtenschuhs, Auslegen von Wildbretteilen und Auftropfen von Schweiß
- dritter VWP: wieder in einem Glasbehältnis

Andere Gründe, warum Ihr Hund die Verweiserpunkte nicht anzeigt:

- zu wenige Löcher am Deckel vorhanden
- zu wenige Wildbretteile im Glasbehälter, sodass der Duftcocktail sich nicht stark genug entfalten konnte
- der Eigengeruch des Behälters war zu stark (selten, nur der Fall, wenn das Glas nicht gut ausgewaschen war)

Lösungsvorschläge

In allen Fällen ist eine Analyse und ein neuerlicher Versuch mit Adaptionen notwendig, z. B. können Sie das Verweiserpunkt-Training folgendermaßen variieren:

- kürzere bzw. längere Stehzeit
- kürzere bzw. längere Fährten
- Verweiserpunktvariationen (siehe obige Abbildungen)

Wie auf dem Bild oben zu sehen ist, wird hier der Schweiß auf der Fährte an sichtbaren Stellen (wie z. B. auf einem quer liegenden hellen Ast) aufgetropft.

Das nachfolgende Bild zeigt Ihnen das Anzeigen eines Verweiserpunktes bei einem Fährtentraining.

Der VWP ist an einem steileren Bereich der Fährte angelegt (Fährte führt nach oben). Damit ist der Kopf des Hundes automatisch näher am Boden und erleichtert das Finden des Verweiserpunktes.

WIEDERHOLUNG: WICHTIGE TRAININGS-ASPEKTE

Variation beim Trainingsgelände

Wenn Sie nicht über ein geeignetes Trainingsgelände verfügen, holen Sie vorab die Erlaubnis vom jeweiligen Grundbesitzer oder Revierinhaber ein.

Wohlergehen des Gespannes

Nachsuchenarbeit stellt nicht nur Anforderungen an den Hund dar, sondern auch an Ihre persönliche Verfassung. Die Einschätzung darüber obliegt Ihnen. Sie haben Sorge zu tragen, dass Sie und der Hund fit sind und Sie alles Notwendige von Verpflegung bis hin zum Erste-Hilfe-Set mit sich führen, um den Hund und sich versorgen zu können.

HINWEIS! **Hitzige Hündinnen**

Hündinnen die hitzig sind, verändern aufgrund der Hormone speziell ab dem zweiten Drittel dieser Phase ihr Verhalten. Es kann vorkommen, dass in dieser Phase der Gehorsam und die Arbeitsleistung abnimmt. Als Führer einer Hündin kann ich Ihnen aus eigener Erfahrung berichten, dass hitzige Hündinnen in dieser Zeit nicht überfordert werden sollten. Gönnen Sie daher Ihrer Hündin in dieser dreiwöchigen Phase Entspannung. Gruppenarbeit mit hitzigen Hündinnen ist aus Rücksicht auf die Rüden zu vermeiden.

ANALYSE UND RÜCKSCHLÜSSE

Eine kritische Auseinandersetzung mit den Trainingsergebnissen ist ein wesentlicher Gradmesser, um sich auf die Arbeit „Auf Roter Fährte“ vorzubereiten. Rückschläge oder das kurzzeitige Nichterreichen der gewünschten Ergebnisse sind kein Grund, aufzugeben. Im Gegenteil, sie bilden die Basis, um daraus zu lernen und sich weiterzuentwickeln.

Für das Training empfiehlt es sich, eine erfahrene Begleitperson als Beobachter einzubinden. Eine weitere Meinung erleichtert die Analyse der Fährtenarbeit.

Folgende Fragen sind dabei zu reflektieren:

- Was hat gut funktioniert?
- Wie war das Tempo des Hundes?
- Hat der Hund die notwendigen Kommandos angenommen?
- Wie war das Verhalten des Hundes?
- Wurden Verweiserpunkte angezeigt?
- Wurde die Fährte exakt ausgearbeitet?
- Wie war Ihr Verhalten als führende Person?
- Woran sind Sie/der Hund gescheitert?

HINWEIS! **Übung macht den Meister**

Es ist noch kein Meister vom Himmel gefallen. Die Übung macht Sie sicher!“

Sind Sie in den einzelnen Arbeitsbereichen unter der Mindestpunktezahl (siehe Dokumentation mittels Bewertungsbögen, z. B. S. 78, 80, 81, 93, 94, 120, 121), sollten Sie in diesen Bereichen an den angeführten Maßnahmen arbeiten. Können Sie als Gespann jedoch die angeführten Bereiche eindeutig erfolgreich ausführen, ist das Gespann für den nächsten Schritt bereit.

IX. EINFÜHRUNG IN DIE NACHSUCHEN-ARBEIT

EINLEITUNG

Sie sind nun an jenem Punkt angelangt, wo Erfahrungswerte und im Training auf der Schleppe, beim Anzeigen von Verweiserpunkte und bei der Einarbeitung auf der getretenen Fährte gelerntes Wissen in der Praxis umgesetzt werden können. Das Verhalten des Hundes kann gedeutet werden, der Hund verfügt über den notwendigen Grundgehorsam, den Suchenwillen und die Fähigkeiten, um die Fährtenarbeit erfolgreich zu beenden.

Der ferme Hund mit Gehorsam und Suchenwillen ist Voraussetzung für eine erfolgreiche Nachsuchenarbeit. Wesentlichen Anteil hat die führende Person, denn sie muss über das notwendige fachliche Wissen verfügen und in intensiver Verbindung mit dem geführten Hund stehen. Folglich ist die Nachsuchenarbeit ein intaktes Zusammenspiel zwischen Hund und führender Person.

Dem gut ausgebildeten Hund obliegt es, die Fährte einwandfrei auszuarbeiten. Sein menschlicher Begleiter folgt ihm und vertraut vorerst den Fähigkeiten des Hundes. Wenn der Abschluss jedoch gelingen soll, sind die richtige Führung des Hundes, jagdliche Kenntnisse, die Interpretation des Anschusses und die Beurteilung der Pirschzeichen seitens der führenden Person unumgänglich. Bei Nachsuchen auf der Krankfährte ergeben sich aber immer wieder weitere unbekannte Situationen, die es zu meistern gilt. Bisher haben Sie immer in Kenntnis der Fährte mit Ihrem Hund gearbeitet. Die unbekannten Situationen können sein:

- der Anschuss konnte vom Schützen nicht genau angegeben werden
- die Fluchtrichtung ist unbekannt
- auf der Fährte gibt es Hindernisse

In den nachfolgenden Kapiteln stelle ich Ihnen detaillierte Trainingsmöglichkeiten vor, um diese Situationen zu simulieren und damit Sie sich als Gespann darauf vorbereiten können. Nur so kann die Arbeit auf „Roter Fährte" positiv abgeschlossen werden.

Ausgangssituation

Wild wird beschossen und nicht gefunden. Es ist es daher angezeigt, ein Nachsuchengespann zu kontaktieren, um die Nachsuche zu starten. Ob die notwendigen Vorarbeiten durch den Schützen im Revier vorgenommen worden sind, zeigt sich für gewöhnlich meist erst dann, wenn das Gespann im Revier angekommen ist.

Nach einer Besprechung mit dem Schützen wird die Nachsuche gestartet und optimalerweise mit der erfolgreichen Auffindung des beschossenen Wildes abgeschlossen.

Dazwischen liegen aber viele wesentliche Bausteine, die den Erfolg garantieren sollen. Das nachfolgende Kapitel beschäftigt sich mit den Grundlagen der Nachsuchenarbeit.

GRUNDLEGENDES ZUR NACHSUCHENARBEIT

Bei einer natürlichen Nachsuchenarbeit müssen vom Gespann allerlei Herausforderungen und unbekannte Umstände wie Geländeunwissenheit, Wetterkapriolen, wie das Stück getroffen wurde oder Verleitungen gemeistert werden.

- Gelände (Revier)
- Trefferlage
- vorgefundenen Pirschzeichen
- Fluchtrichtung

Fährteneinflussfaktoren

Viele Faktoren beeinflussen die individuelle Duftspur. Zusätzlich kann die Nasenleistung durch Witterungseinflüsse reduziert werden.

WICHTIG! Einflussfaktoren

- Bodenverhältnisse
- Außentemperatur
- Regen und Wind
- Nebel
- Schnee

Bei einer Nachsuche im „Echtbetrieb" ist auf diese Einflussfaktoren achtzugeben und der Nachsuchenstart ist darauf abzustimmen.

Alle Einflussfaktoren sollten allerdings bereits in Ihren Trainings berücksichtigt haben. Nur so können Sie sich auf den „Echtbetrieb" vorbereiten.

Wetterbedingungen

Tiefe Temperaturen

Tiefe Temperaturen machen nicht nur dem Menschen zu schaffen, sondern auch dem Hund. Bei der Arbeit mit tiefer Nase können die Nasenschleimhäute verkleben und die Nasenleistung abnehmen. Die können Sie am Schütteln des Kopfes erkennen. Abhilfe kann eine Pause und das Aufwärmen durch das Reiben der Nase bringen.

Hohe Temperaturen

Der Hund kühlt mittels Hecheln und gibt dabei über die Atemluft hohe Mengen an Wasser ab, dadurch wird der Hund unkonzentriert. Geben Sie Ihrem Hund ausreichend Wasser und die notwendigen Pausen.

Regen/Nässe

Es ist vorteilhaft, wenn die Fährte etwas feucht ist. Das erhöht die Abgabe der Geruchspartikel und erleichtert es dem Hund, die Fährte zu verfolgen. Dauerregen hingegen erschwert naturgemäß die Arbeit.

Nebel

Die feuchte Luft hält die Intensität der Geruchspartikel länger hoch und lässt diese aufsteigen. Vorstehhunde können in diesem Fall eine Suche mit hoher Nase zeigen.

TIPP! Achtung:

Da die Sicht im Nebel eingeschränkt ist, empfiehlt es sich, bei dichtem Nebel abzuwarten und erst danach zu starten.

Tau

Wasser in Tropfenform kann für den Hund erschwerend sein, da er mit seiner Nase die Tropfen einsaugen könnte. Das hat ein Schütteln des Kopfes zur Folge. Eventuell ist in diesem Fall die Suche abzubrechen und nach einiger Zeit fortsetzen. So ist z. B. bei morgendlicher Nachsuche auf die wärmende Sonne zu warten.

Wind

Der Wind kann den Boden verändern und Laub verwehen. Ein Anschuss, der am Vortag noch Blätter mit Schweiß gezeigt hat, kann am nächsten Morgen „leer" sein.

WICHTIG! Empfehlung:

Anschuss und gefundene Pirschzeichen gut sichtbar markieren.

Gelände & Bodenverhältnisse

Geländegängigkeit ist nicht nur für den Menschen eine Frage der Übung und des

Trainings. Nachsuchen in den Bergen erfordert mehr Fitness als in den tiefen Lagen. Der Hund ist auf diese Anforderungen, wie auch auf die Übergänge von verschiedenen Bodenbeschaffenheiten, zu trainieren.

Er sollte daher schon sehr früh mit vielen dieser unterschiedlichen Gegebenheiten konfrontiert werden. Dichter Bewuchs wie z. B. Brombeersträucher oder Brennnesseln können eine Nachsuchenarbeit beeinträchtigen oder gar zum Stillstand bringen.

All diese Fährteneinflüsse und Unsicherheitsfaktoren machen es daher empfehlenswert, ritualisierte Abläufe, die immer wiederkehrend geübt wurden, einzuhalten, damit Sie und Ihr Hund auch bei nicht vorhersehbaren Situationen Sicherheit erlangen.

Rituale

Im Spitzensport ist es üblich, wiederkehrende Situationen zu ritualisieren. Das gibt Sportlern die notwendige Sicherheit, um Spitzenleistungen erbringen zu können. Was im Spitzensport gilt, gilt auch in der Nachsuchenarbeit.

Warum dieses Thema der Ritualisierung zum wiederholten Male in diesem Buch hervorgehoben wird, liegt daran, dass Rituale die Abläufe des Gespannes erleichtern und dem Hund zeigen, was von ihm erwartet wird.

Gerade bei Vorstehhunden ist die Ritualisierung ein Muss. Im Feld soll der Hund eine Suche mit guter Geschwindigkeit und hoher Nase zeigen, bei der Fährtenarbeit ist aber mäßiges Tempo und die Arbeit mit tiefer Nase erforderlich. Das Umschalten von Feldarbeit zu Nachsuchenarbeit gelingt am einfachsten mit verknüpften Ablaufritualen. Diese habe ich Ihnen bereits ausführlich in den vorangegangenen Kapiteln vorgestellt und beschrieben (siehe z. B. S. 50, 63ff., 71ff.). Halten Sie das bereits Gelernte und das Eingearbeitete bei.

DIE FITNESS

Die Nachsuchenarbeiten sind fallweise für Mensch und Hund körperlich sehr fordernd. Steile Anstiege, Dickicht, lange Fluchtstrecken und Witterungsbedingungen fordern Körper und Geist. Beide, Hund und Mensch, müssen fit sein. Halten Sie sich und den Hund für diese möglichen Anforderungen fit. Ausdauertraining ist für den Menschen wichtig und auch der Hund muss diese Anforderungen erfüllen können. Nicht auszudenken, wenn Sie aus körperlichen Gründen, dem Hund auf der Nachsuche nicht mehr folgen können. Gönnen Sie dem Hund bei langen, anstrengenden Nachsuchen Ruhepausen.

Was bei einer Nachsuche nicht fehlen sollte

Ausreichend Verpflegung ist mitzuführen. Denken Sie auch an notwendige Medikamente, die Sie vielleicht unbedingt benötigen. Ihr Gepäck soll beinhalten:

- Wasser / Getränke
- Proviant
- Verbandsmittel / Erste-Hilfe-Set
- Medikamente
- Taschenlampe
- Mobiltelefon / Funkgerät
- Markierbänder

Die Nachsuche ist für den Hund eine Hochleistungsarbeit. Je nach Dauer, äußeren Verhältnissen wie Hitze, Kälte, Schnee, Regen, Wind, Nebel und je nach Geländebeschaffenheit arbeitet der gesamte Hundeorganismus auf Hochtouren.

Vor dem Start:
Schweißhalsung | Geschirr anlegen
Anschuss untersuchen

Auf der Fährte:
Riemen geben | Kommandos
eigenes Verhalten | Einwirken

Nach der Suche:
Abtragen und loben | Untersuchen
Reflexion der Arbeit

WICHTIG! Ihr Hund wird es Ihnen danken:

- ausreichend Wasser anbieten
- Wärmendes bei tiefen Temperaturen
- Futter
- Ruhepausen

Krankheiten oder Verletzungen

Für führende Personen ist es wichtig, über die Anatomie des Hundes und über Erkrankungssymptome informiert sein. Während des Einsatzes könnte es zu Kontakt mit verfolgtem Wild kommen und daher sind auch Verletzungen des Hundes möglich. Äste und Baumsplitter können z. B. die Augen verletzen oder Risswunden verursachen.

Beachten Sie auch, dass Ihr Hund ausreichend geimpft und nach den Trainings auf Verletzungen kontrolliert wird. Leichte Blessuren wie Ritzer und Schürfwunden können Sie meist selbst behandeln. Für alle anderen Verletzungen empfiehlt es sich, ärztliche Betreuung in Anspruch zu nehmen.

Anatomie des Hundes

Für führende Personen ist es wichtig, über die Anatomie des Hundes und über Erkrankungs-symptome informiert sein.

DAS DEUTEN IHRES HUNDES BEI DER NACHSUCHE

Durch das Zusammenleben mit dem Hund wissen Sie bereits, wann Ihr Hund „Gassi gehen muss", wenn er spielen will. Er zeigt Ihnen somit durch sein Verhalten an, was er von Ihnen erwartet (siehe z. B. auch das Unterkapitel „Signale und Verhalten des Hundes deuten", S. 109).

Verhaltensmuster deuten lernen

Während vieler Trainingsstunden haben Sie Ihren Hund ebenfalls intensiv beobachtet und diverse Verhaltensmuster erkannt. Auf der Schleppe, mit oder ohne Verleitung, konnten Sie das Verhalten sichtbar machen und Sie konnten dieses auch verifizieren. Denken Sie an:

- Kopfhaltung
- Rutenstellung
- Körperspannung

In diesem Ausbildungsschritt ist es bedeutsam zu erkennen, **wann der Hund auf der Fährte ist**. Zusätzlich soll Ihnen Ihr Hund auch die so wichtigen Verweiserpunkte anzeigen. Sie müssen daher auch dafür auf „Empfang" gestellt sein, soll heißen dass Sie erkennen können, dass er Ihnen einen solchen anzeigt. Nur so können Sie uneingeschränktes Vertrauen aufbauen und sich nicht durch Aussagen der Schützin oder des Schützen verunsichern lassen. Hier ein Beispiel:

Der Laufschuss

Ein Jäger hat einen Rehbock beschossen und bittet mich um eine Nachsuche. Er hat schon gesucht, ist aber gescheitert. Am Telefon schildert er, dass er das Wild nach dem Schuss in einem mäßig steilen Schlag nach unten flüchten sah. Den Anschuss hat er leider nicht gefunden. Er hat am Blatt angehalten, die Schussdistanz betrug ca. 210 m. Er hat schon alles abgesucht, aber nichts gefunden.

Rund 3 Stunden später am „Tatort" angekommen, haben wir mithilfe meines Hundes der Anschuss gefunden. Bei der Untersuchung des Anschusses haben wir Wildbretschweiß, Haare und Röhrenknochen gefunden, was bedeutete, dass es sich um einen Lauftreffer handelte.

Der Hund wurde am Anschuss angesetzt und folgte einige Meter der Fährte, zog aber dann nach oben. Hier erfolgte nun der Hinweis des Schützen, dass das Wild nach unten geflüchtet war. Mein Hund ließ sich nicht beirren und wir folgten der Fährte. Nach ca. 150 Schritten fand ich weiteren Schweiß. Es ging weiter bergauf und nach weiteren ca. 300 Schritten sahen wir den Bock, der sein Wundbett aus einer Dickung verließ. Es erfolgte der weidgerechte Fangschuss.

Was war passiert? Der Bock hatte einen tiefen Treffer, der linke Vorderlauf war getroffen. Da der Bock diesen nicht mehr belasten konnte, war es für ihn leichter, bergauf zu flüchten. Der Jäger hatte vermutlich ein weiteres Stück flüchten sehen.

Hätte ich meinem Hund nicht vertraut und hingegen den Aussagen des Schützen geglaubt, hätte ich meinen Hund „abgezogen" und ihm damit mein Misstrauen signalisiert. Der Ausgang der Nachsuche wäre dann offen gewesen.

Foto: Franz Weishaupt

HINWEIS! Lerninhalt

Laufschüsse beeinflussen die Fluchtrichtung. Bei Vorderlauftreffern flüchtet das Stück eher nach oben, bei Hinterlauftreffern eher nach unten. Es empfiehlt sich die Nachsuche mit einem hatzerfahrenen Hund durchzuführen.

FINDEN DES ANSCHUSSES

Nicht immer wird der Anschuss vom Schützen gefunden. Das kann vielfältige Gründe haben.

- Der Standort des beschossenen Wildes kann nur vage angegeben werden, da der Schütze sich relevante Geländepunkte nicht eingeprägt hat.
- Das Wild wurde aus einem Rudel, einem Sprung oder einer Rotte beschossen. Mehrere Stücke haben den Standort fluchtartig verlassen.
- Die Entfernung wurde vor der Schussabgabe nicht bestimmt.
- Das Gelände und dessen Bewuchs lässt eine genaue Ermittlung nicht zu.

Eine Nachsuche wird notwendig und Sie als Gespann kommen ins Spiel. Aber wie können Sie den Anschuss finden und die damit verbundene notwendige Untersuchung am Anschuss durchführen, um den Grad der Verletzung und die Trefferlage zu bestimmen?

Die folgenden Anleitungen zeigen Möglichkeiten, wie Sie ihren Hund dahingehend trainieren können.

Das Bögeln als effektives Such-Verhalten

Das Bögeln ist eine gezielte Möglichkeit, den Anschuss bzw. den Ausgangspunkt der

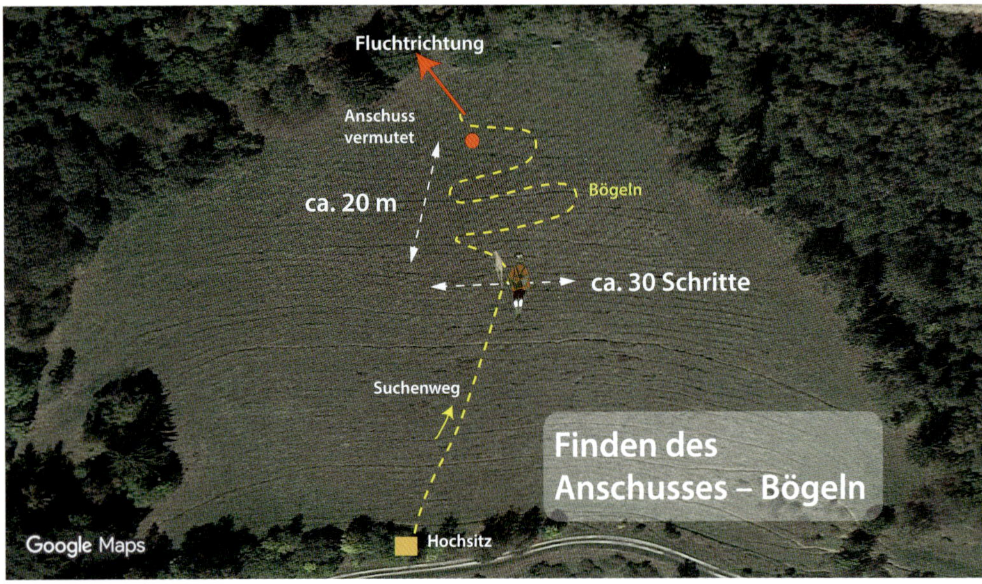

Flucht zu finden. Diese Situation sollten Sie mit Ihrem Hund am Riemen trainieren.

Die Ausgangslage

Es wurde Wild beschossen. Der Schütze hat bereits versucht, das Wild zu finden. Der Anschuss wurde nicht gefunden, die Fluchtrichtung aber eindeutig beobachtet.

Das nachfolgende Bild zeichnet die Vorgangsweise der Nachsuche, vorerst das Auffinden des Anschusses, nach.

Ausgehend vom Hochsitz geht das Gespann, der Hund am kurz gegriffenen Riemen, in Richtung des vermuteten Anschusses (strichlierte gelbe Linie). Mit dem Bögeln wird ca. 20 Meter vor dem vermuteten Anschuss begonnen. Dabei wird der Hund am Riemen geführt (Riemenlänge ca. 2–3 Meter). Der Abstand soll deshalb so kurz bemessen sein, damit Sie den Hund bei seiner Arbeit im Blick behalten und auch Sie als führende Person das Umfeld absuchen können.

Es soll mit mäßigem Tempo gesucht werden. Das Kommando hierfür lautet „**Such**“.

Der Bögelradius beträgt ca. 30 Schritte. Sukzessive nähert sich das Gespann dem vermuteten Anschuss an. Optimal wäre es natürlich, wenn der Hund direkt auf den Anschuss stößt und diesen verweist.

Es kann aber auch vorkommen, dass der Hund, wie in der Abbildung oben dargestellt, erst nach dem Anschuss auf die Fluchtfährte trifft und diese verweist. Sie als führende Person müssen dieses Verweisen erkennen und den Verweiserpunkt markieren. Ausgehend von diesem VWP suchen Sie mit dem Hund die Fluchtfährte zurück, um an den Anschuss zu gelangen. Hier wird der Hund, gemäß Ihres eintrainierten Rituales (siehe S. S. 50, 63ff., 71ff.), im Abstand von ca. 5 Schritten vom Anschuss, abgelegt.

Danach beginnt Ihre Untersuchung des Anschusses, um die notwendigen Rückschlüsse der vorgefundenen Pirschzeichen vorzunehmen. Nach eingehender Untersuchung und Beurteilung wird die Nachsuche gestartet.

Wie trainieren Sie nun das Bögeln?

Sie benötigen für das Training eine Hilfsperson, die Ihnen den Anschuss vorbereitet und eine abgehende Fluchtfährte anlegt.

Der Ablauf:

In der Abbildung unten ist die Vorgangsweise dargestellt.

Die Hilfsperson nähert sich (weiße Linie) dem geplanten Trainingsanschuss. Dieser wird markiert, die Fährtenschuhe mit Schalen angezogen und der Anschuss hergestellt:

- mehrmaliges Treten mit den Fährtenschuhen auf den Anschussbereich
- Auftropfen von Schweiß (ca. 30 ml)
- Einlegen von Wildbretteilen

Danach wird ausgehend vom Anschuss die Fährte getreten. Am Anfang der Fährte, ca. 5–10 Schritte, wird noch Schweiß aufgetropft. Die Länge der Fluchtstrecke sollte zumindest ca. 100 Schritte betragen.

Am Ende wird das Rotwildhaupt (oder die Fährtenschuhe) abgelegt. Am Ablegeplatz der Fährtenschuhe ist ein Markierstock anzubringen. Danach verlässt die Hilfsperson den Trainingsbereich.

Nach einer Wartezeit (Standzeit) von ca. 3 Stunden kehren Sie mit der Hilfsperson zum Trainingsgelände retour. Dabei stellt sich die Hilfsperson so ab, dass sie die Arbeit beobachten kann, aber nicht sichtig oder störend für das Training ist.

Nun starten Sie, wie auf Seite 144 beschrieben, diese Trainingseinheit (das Bögeln). Das Gespann ist dann erfolgreich, wenn der Anschuss gefunden wurde und Sie als Gespann am Haupt oder an den Fährtenschuhen (FS) angekommen sind. Am Fährtenende angelangt, halten Sie Ihr gewohntes Ritual ein.

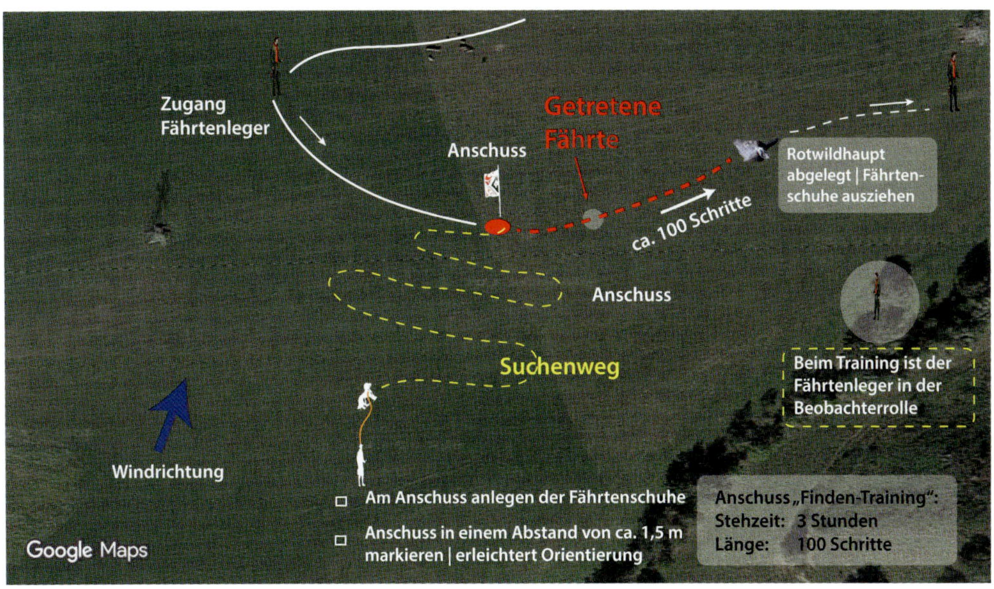

Bilder © 2026 Airbus,Bilder © 2026 Airbus,Maxar Technologies, Kartendaten © 2026

Lob ist anzubringen bei

- Verweisen des Anschusses oder wenn die Fährte verwiesen wird
- Ankommen am Haupt (Fährtenschuhen)

Durch die angebrachten Markierungen sind Sie als Gespannführer in der Lage, den Anschuss und auch das Fährtenende im Blick zu haben.

TIPP! Lerninhalt

Anfänglich können Sie bei kurz gegriffenem Riemen auch richtungsgebend eingreifen. Der Hund lernt das Bögeln, das Kommando „Such“ und Sie bauen Vertrauen in die Finder- und Verweiserfähigkeit des Hundes auf.

Das Kreisen

Ein Stück Wild wurde beschossen, aber in der Hektik hat sich die Schützin bzw. der Schütze weder die Fluchtrichtung noch den Anschussbereich einprägen können. In diesem Fall empfiehlt es sich, den möglichen Anschussbereich großräumig mit einer Vorsuche aus Kreisen einzugrenzen.

Bei der Vorsuche mit Kreisen wird der Hund am kurzen Riemen geführt. In der Grafik „Vorsuche durch Kreisen“ ist Folgendes dargestellt:

An Punkt (1) wird mit dem Schützen eine Besprechung über den Beschussablauf durchgeführt. Danach nähern Sie sich mit dem Hund am kurzen Riemen, wie bei Punkt (2) „Suchenweg“ dargestellt, dem Anschussbereich. 40–50 Meter vor dem vermuteten Anschuss beenden Sie das Kreisen.

Der Radius des Suchkreises beträgt ca. 20–30 Schritte, siehe Punkt (3) In der Grafik. Mit Kreisbewegungen nähern Sie sich kontinuierlich dem vermuteten Anschuss.

Die Abbildung oben zeigt, dass Sie als Gespann am Anschuss vorbei suchen, danach stößt Ihr Hund auf die Fluchtfährte, siehe Punkt (4). Der Hund zeigt diesen Punkt durch sein Verhalten an. Die Fährte wurde

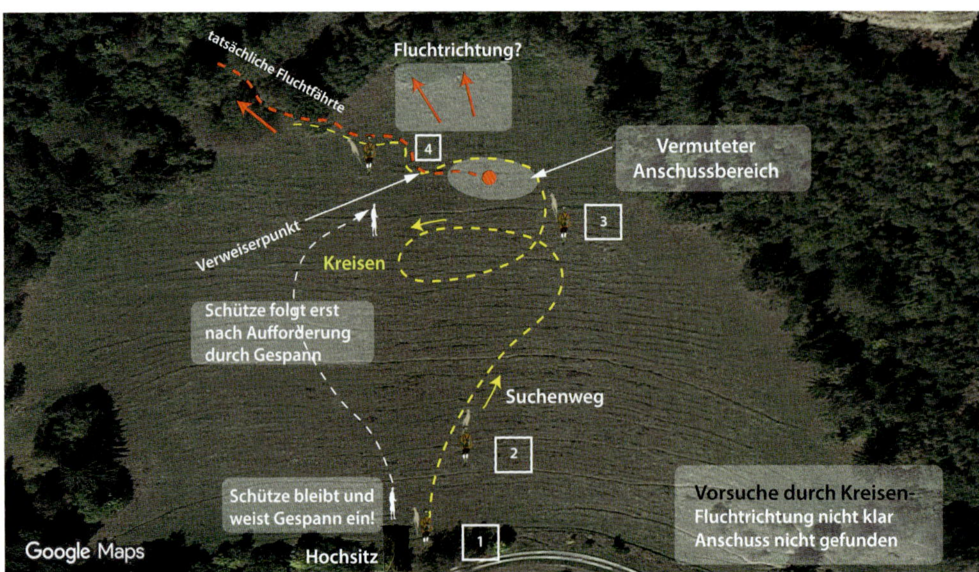

Bilder © 2026 Airbus,Bilder © 2026 Airbus,Maxar Technologies, Kartendaten © 2026

verwiesen. Sie markieren diesen Punkt und suchen mit dem Hund zum Anschuss zurück.

Der Hund wird wieder ca. 5 Schritte vom Anschuss entfernt abgelegt. Sie beginnen mit der Anschussuntersuchung.

Wie trainieren Sie nun das „Kreisen"?

Der Trainingsaufbau ist, wie unter „Bögeln" (siehe S. 144ff.) beschrieben, durchzuführen. Statt dem „Bögeln" wird nun aber mittels „Kreisen" der Anschuss oder der Fährtenabgang gesucht.

Steigerung

Beigezogene Personen oder auch ein weiteres Hundegespann können durch das Begehen des Anschussbereiches zusätzliche Verleitungen herstellen. Dadurch entstehen bewusst herbeigeführte Beeinflussungen, die auch in der Nachsuche auf einer Krankfährte vorhanden sein können.

WICHTIG! Vorsuche am Riemen

Die Vorsuche mittels Bögeln oder Kreisen hat immer **am Riemen** zu erfolgen. Der Riemen sollte dabei kurz gegriffen werden. Damit haben Sie in der Vorsuche einen besseren Überblick und sind näher am Hund. Ein Einwirken Ihrerseits wird dadurch erleichtert.

In der Nachsuche auf der Krankfährte stellen Sie mit einer kurzen Riemenlänge sicher, dass Sie sichtbare Pirschzeichen sehen oder erkennen können.

HINWEIS! Trainingsanalyse nicht vergessen

Die Analyse der Trainingsergebnisse und Rücksprache mit der Hilfsperson geben Ihnen wichtige Hinweise zum Ablauf und dem gezeigten Verhalten des Gespannes.

FÄHRTENHINDERNISSE

In der Nachsuchenarbeit werden Sie immer wieder mit Hindernissen konfrontiert. Es empfiehlt sich, diese Situationen auch im Training zu simulieren, damit Sie im Echtbetrieb Lösungsansätze parat haben.

Wasser als Hindernis

In der Nachsuchenpraxis kann immer wieder festgestellt werden, dass krankes Wild Wasser aufsucht.

Ein Stück Wild wurde beschossen und es hat auf seiner Krankfährte, wie in der nachfolgenden Abbildung dargestellt, einen Bachlauf gequert. Ein fließendes Gewässer unterbricht den eindeutigen Fährtenverlauf. Die Duftbotenstoffe werden weggespült und Trittsiegel sind meist nicht erkennbar.

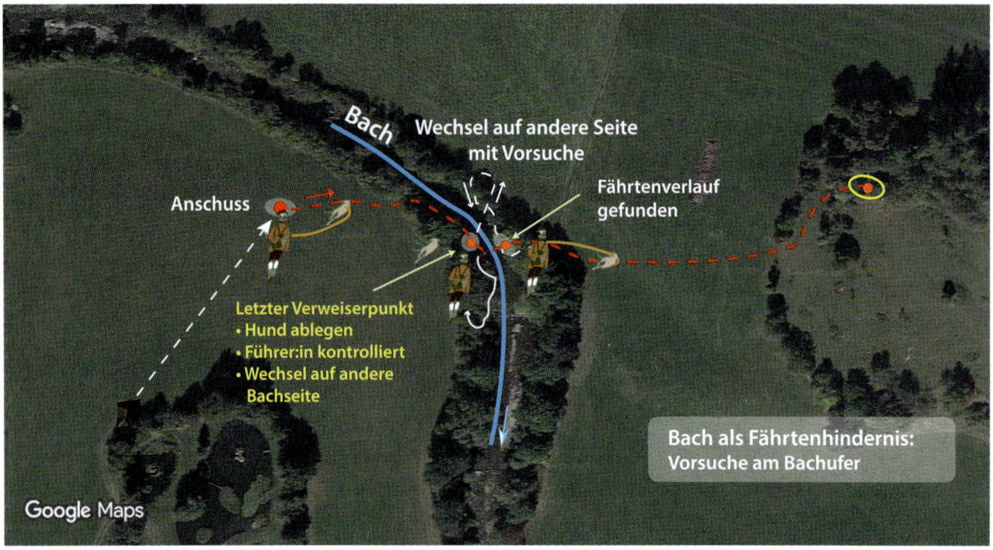

Bilder © 2026 Airbus,Bilder © 2026 Airbus,Maxar Technologies, Kartendaten © 2026

Wie können Sie nun vorgehen?

Der Anschuss wurde gefunden, der Hund arbeitet die Fährte bis zum Gewässer (Bach, Rinnsal) aus. Danach ist die Fährte nicht mehr eindeutig erkennbar.

- Markieren des letzten Verweiserpunktes.
- Ablegen des Hundes
- Kontrolle des Uferbereiches durch Sie als führende Person

Finden sich auf dieser Seite des Gewässers keine Pirschzeichen, so lassen Sie den Hund mittels Vorsuche am kurzen Riemen diese Uferseite untersuchen.

Wenn Sie keine weiteren Indizien finden und der Hund keine Verweiserpunkte liefert, wechseln Sie mit ihm über das Gewässer.

Danach erfolgt eine Vorsuche mit dem Hund auf der anderen Uferseite, bis der Hund wieder die Fährte verweist. Diese Stelle ist ebenfalls zu markieren.

Nach dem Markieren des VWP geben Sie das Kommando **„Such Verwundt“**. Der Hund arbeitet die Fährte bis zum Ende. Am Ende angelangt, tragen Sie den Hund ab und loben ihn ausgiebig.

Dickicht und Hecken

Ein Dickicht aus Brombeersträuchern oder Hecken können für die Nachsuche störend sein. Einerseits für den Hund (Dornen können unangenehme Verletzungen verursachen), anderseits, weil die führende Person nicht durch das Dickicht gelangt.

Eine Nachsuche kann dadurch zum Stillstand kommen, da man selbst als Hundeführer dafür nicht vorbereitet ist oder der Hund das Gelände nicht annimmt.

Es macht wenig Sinn, sich gemeinsam durch ein derartiges Dickicht zu quälen und damit den Hund dabei Verletzungen zuzufügen.

Wie können Sie dieses Hindernisproblem lösen?

Sie markieren Sie den letzten Verweiserpunkt, gemeint ist der für Sie erkennbaren

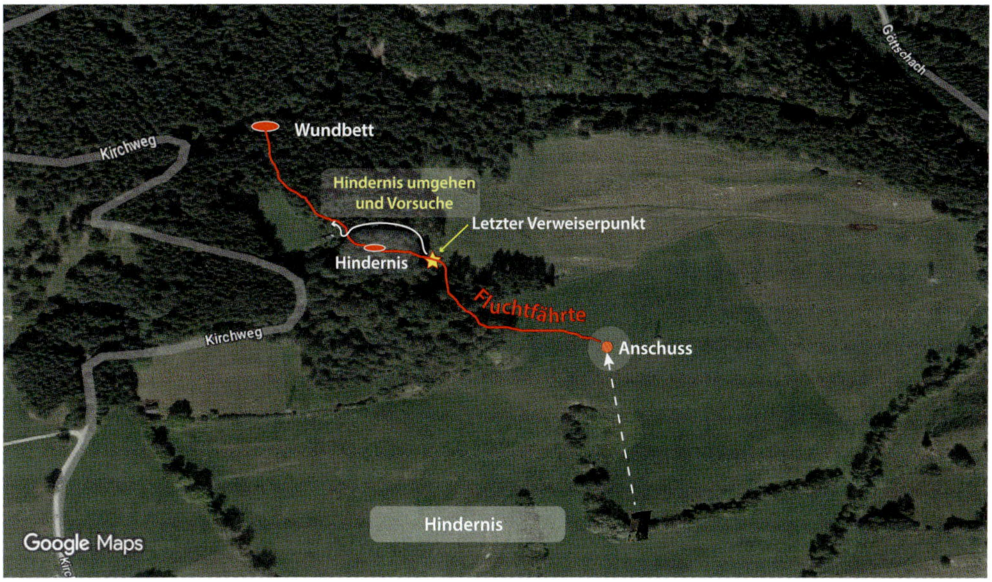

Bilder © 2026 Airbus,Bilder © 2026 Airbus,Maxar Technologies, Kartendaten © 2026

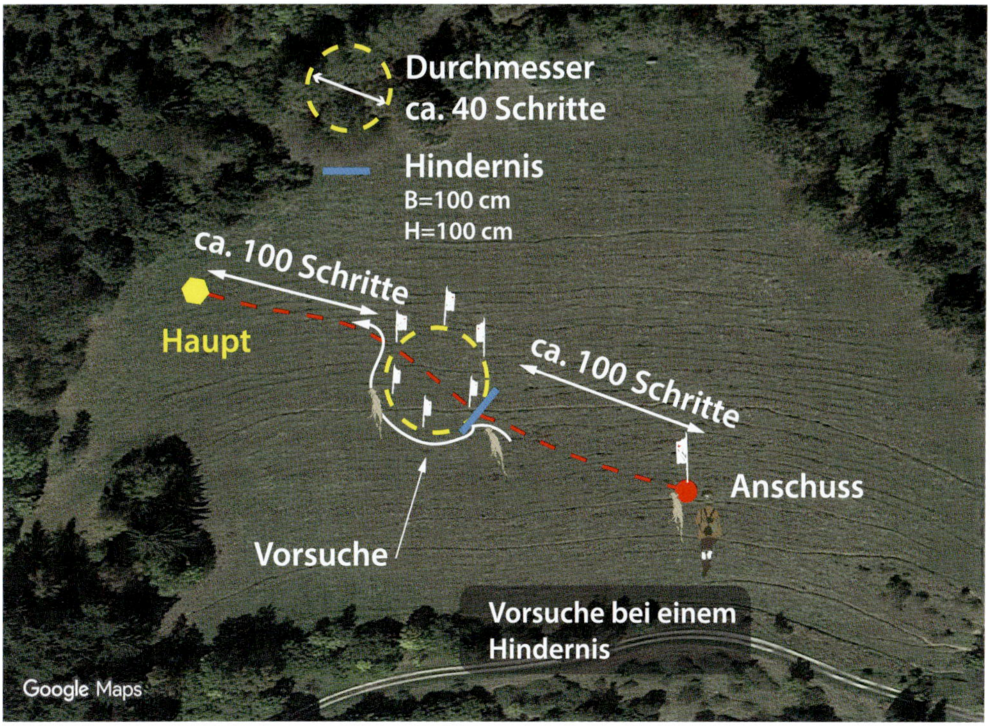

Bilder © 2026 Airbus,Bilder © 2026 Airbus,Maxar Technologies, Kartendaten © 2026

Einwechselpunkt des Wildes, und umgehen das Hindernis mittels einer Vorsuche am kurz gegriffenen Riemen. In der Grafik ist das Umgehen mit der weißen Linie dargestellt.

Ist das Wild aus diesem Bereich wieder ausgewechselt, wird der Hund den Auswechselungspunkt verweisen. Am VWP können Sie die Fährte weiter ausarbeiten. Haben Sie mit Ihrem Hund das ganze Hindernis umgangen und keine weiteren Verweiserpunkte gefunden, ist davon auszugehen, dass das Wild im Dickicht ist.

Hier gibt es zwei Möglichkeiten:

- das Wild ist verendet
- das Wild ist im Wundbett

Je nach Flächenausmaß des Dickichts sind nun von Ihnen Entscheidungen zu treffen.

Für die Einarbeitung reicht es vorerst, dass Sie die Vorsuche für eine der erwähnten Möglichkeiten trainieren. Die Trainingsannahme ist, dass das Wild ausgewechselt ist.

Wie trainieren Sie nun dieses Hindernis?

Sie legen eine getretene Fährte mit einer Gesamtlänge von ca. 240 Schritten an. Die Fährte wird durch einen gedachten Kreis (40 Schritte Durchmesser) und durch ein aufgestelltes Hindernis unterbrochen.
Der Kreis wird markiert. Am Hindernis angekommen, führen Sie mit dem Hund entlang des Kreises eine Vorsuche durch.

Ziel ist es, dass der Hund den markierten Auswechslungspunkt verweist, sich wieder auf die Fährte einpendelt und zum ausgelegten Haupt gelangt. Wichtig: Windrichtung beachten, Training mit Nackenwind.

ABKOMMEN VON DER FÄHRTE

Es kann immer wieder vorkommen, dass Ihr Hund von der Fährte abkommt. Wenn das bei einer realen Nachsuche passiert, ist das ärgerlich und kostet Zeit. Deshalb sollten auch diese Situationen im Training auf künstlicher Fährte, die Sie im Wald angelegt haben oder auf bewusst herbeigeführten Verleitungen geübt werden.

Wie mehrfach beschrieben, kann das Abkommen von der Fährte verschiedene Ursachen haben:

- Ein Stück Wild ist über die angelegte Fährte gewechselt.
- Während der Ausarbeitung wird ein Stück Wild hochgemacht.
- Eine Störung findet während der Ausarbeitung statt.

Wild wird hochgemacht

Es kann vorkommen, dass bei der Fährtenarbeit im Wald Wild hochgemacht wird und flüchtet. Wird der Hund auf das flüchtende Wild aufmerksam, so würde er, seinen Anlagen folgend, dem Wild nachhetzen wollen.

Dieses Verhalten können wir in der Einarbeitungsphase für die Nachsuchenarbeit nicht dulden. Erkennen Sie, dass Ihr Hund seine Aufmerksamkeit dem flüchtigen Wild schenkt, reagieren Sie mit dem Kommando **„Platz“**.

Gehen Sie zum Hund und beruhigen Sie ihn. Lassen Sie den Hund für einige Minuten im „Platz“ verharren. Nach dieser Abkühlphase setzen Sie den Hund wieder auf der Fährte, mit dem Kommando **„Such Verwundt“**, an.

Sollte der Hund abermals versuchen dem Wild zu folgen, gehen Sie mit ihm zum letzten markierten Fährtenpunkt retour. Hier setzen Sie den Hund wieder auf der Fährte an. Die Veränderung der Position (Ortswechsel) lenkt die Aufmerksamkeit des Hundes vom flüchtenden Wild wieder auf die Ausarbeitung der Fährte. Das bewusste Wegführen aus der Konfliktsituation mit dem flüchtenden Wild sollte ausreichen, dass sich der Fokus des Hundes wieder auf die Arbeit richtet.

Vorstehhunde und Hasen auf der Fährte

Vorstehhunde haben das Vorstehen auf Wild in ihrer DNA. Es kann daher vorkommen, dass sie auf einen Hasen vorstehen. Das ist für einen Vorstehhund in der Feldsuche gewollt und notwendig. In der Nachsuchenarbeit möglicherweise ein Hindernis.

Als Leistungsrichter war ich bei einer Schweißprüfung im Einsatz. Nach ca. 50 Schritten auf der Fährte stand der Deutschlanghaar einem Hasen vor. Nach mehrmaligen ergebnislosen Versuchen des Hundeführers, seinen Hund wieder zur Fährtenarbeit zu ermuntern, gab ich dem Hundeführer den Tipp, diesen Bereich zu verlassen. In einem Abstand von ca. 20 Schritten nach dem Vorstehen auf den Hasen, zeigte ich dem Führer den Fährtenpunkt. Ich kannte den Fährtenverlauf, da ich die Fährte am Vortag angelegt hatte. Derart unterstützt nahm der Hund die Fährte wieder an und konnte die Prüfung erfolgreich abschließen.

Bewusst gelegte Verleitungen

Der gut eingearbeitete Hund sollte trotz Verleitungen zum Erfolg kommen wollen. Optimal wäre es, wenn er sich nach kurzer Annahme der Verleitung wieder auf der Fährte einpendelt.

In der nachfolgenden Abbildung ist eine künstliche Fährte dargestellt. Die Fährte ist für Sie sichtbar ausgeschildert. Zwischen der Markierung 2 und 3 nimmt Ihr Hund eine natürliche Verleitung an (dargestellt als weiße, strichlierte Linie).

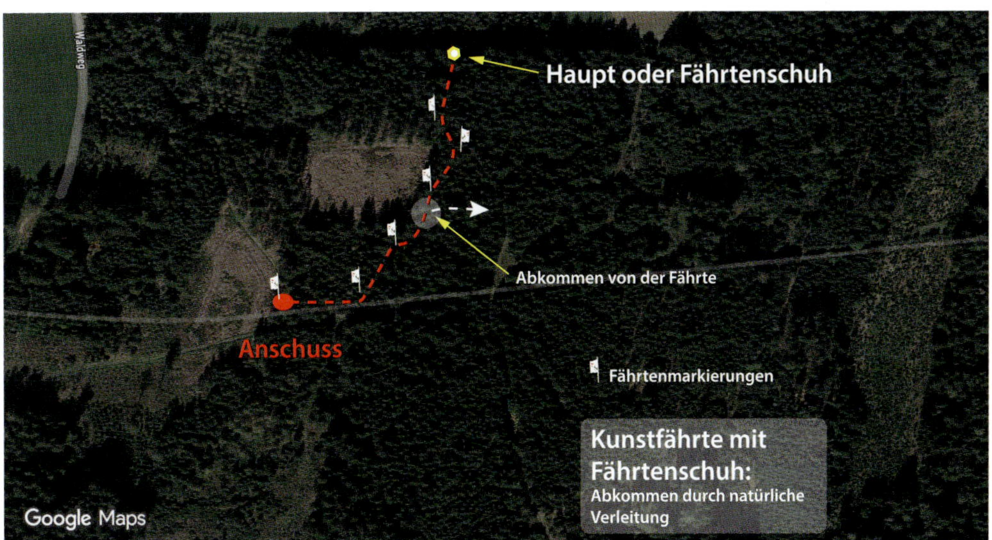

Bilder © 2026 Airbus,Bilder © 2026 Airbus,Maxar Technologies, Kartendaten © 2026

Sie können, aufgrund der Markierung erkennen, dass der Hund von der Fährte abkommt. Beobachten Sie dabei das Verhalten Ihres Hundes. Wie verändert es sich?

Geben Sie Ihrem Hund vorerst Riemen, um der Verleitung zu folgen. Der gut eingearbeitete Hund sollte nach wenigen Schritten erkennen, dass es sich nicht um die auszuarbeitende Fährte handelt. Er sollte sich selbstständig auf die Fährte einpendeln.

Was aber, wenn nicht?

Lassen Sie sich nicht aus der Ruhe bringen. Folgen Sie dem Hund ca. 15–20 Schritte. Danach geben Sie das Kommando „**Zur Fährte**“. Nimmt er das Kommando an und kehrt zur Fährte retour, haben Sie einen Erfolg zu verbuchen.

Nimmt er das Kommando aber nicht an und will weiterhin der Fährte folgen, tragen Sie den Hund ab. Kehren Sie mit ihm zur Markierung 2 zurück und setzen Sie ihn, nach einer kurzen Beruhigungsphase, mit „**Such Verwundt**“ wieder auf der Fährte an.

Der Hund sollte nun die Fährte wieder annehmen und folgen. Arbeitet er über die Verleitung hinaus die Fährte bis zum Fährtenende aus, ist die Übung erfolgreich abgeschlossen.

Will der Hund jedoch abermals der Verleitfährte folgen, so geben Sie bereits beim Erkennen der Annahme das Kommando „**Zur Fährte**“. Der Hund sollte zur Fährte zurückkehren. Tut er das nicht: Zurück zum Grundlagentraining.

Auf der nachfolgenden Seite finden Sie einige Bilder zur Illustration

Bei dieser Trainingsfährte wurden die „unerwarteten“ Verleitung bestens gemeistert. Beim Anlegen der Fährte wurde bewusst ein Wildwechsel gequert. Es war daher erwartbar, dass bei einer Übernachtfährte eine Verleitung vorhanden sein wird. Für Sie als führende Person ergeben sich aus diesen „Konflikten“ nachfolgende Erkenntnisse:

- Auswahl des Geländes: Bereits hier sind die Überlegungen zum Schwierigkeitsgrad und der Ausgestaltung anzustellen.
- Anlegen der Fährte: Nutzen Sie die vorhandenen Möglichkeiten wie Wildwechsel, Wasserläufe oder Bewuchswechsel und binden Sie diese Gegebenheiten in den Fährtenverlauf ein.
- Markierungen: Setzen Sie beim Ausschildern der Fährte ausreichend für Sie sichtbare Markierungen, damit Sie den Fährtenverlauf klar und eindeutig erkennen bzw. wieder finden können. Es gibt nichts Unangenehmeres, als den Fährtenverlauf im Training zu verlieren.

TIPP! Hilfreich:

Fertigen Sie Fährtenskizzen an bzw. benutzen Sie eine Fährten-App!

WICHTIG! Variantenreich trainieren

Arbeiten Sie mit Ihrem Hund immer unterschiedliche Fährten in unterschiedlichem Trainingsgelände, um einen Gewöhnungseffekt zu vermeiden.

1) Der Hund ist exakt auf der Fährte. Erkennbar durch Ruten- und Kopfhaltung sowie durch die Körperspannung.
2) Der Hund zeigt nun mit seiner schrägen Rutenstellung an, dass er eine „interessante“ weitere Spur gefunden hat.
3)Der Hund folgt nun der Verleitung, dabei steigert er seine Geschwindigkeit und die Rute ist stark in Bewegung.
4) Der Hund korrigiert sich mit Kommando „Zur Fährte“ und kehrt zur Fährte retour.
5) Nach der der Korrektur hat sich der Hund wieder auf die Fährte eingependelt, erkennbar durch die gerade, fast ruhige Rutenstellung, die Kopfhaltung und die Körperspannung.

WIDERGÄNGE DES WILDES

Als Widergang bezeichnet man beim Wild, wenn das flüchtende Wild auf der Fluchtfährte umkehrt, um danach eine neue Fluchtrichtung einzuschlagen. Bei beschossenem Wild kommt es häufig vor, dass es auf der Fluchtfährte ein kurzes Stück auf der bisherigen Fluchtfährte retour flüchtet. Danach schlägt das kranke Wild eine neue Fluchtrichtung ein.

Unterscheiden von frischen und älteren Spuren

Eine Fährte verändert sich mit der Zeit: Die Bodenverletzungen, die beim „Gehen“ entstehen, setzen Gerüche frei, die sich durch Verwitterung, Temperatur und Luftfeuchtigkeit verändern. Die Hundenase verfügt über die hervorragende Eigenschaft, feinste Geruchsnuancen wahrzunehmen. Hunde können also diese Veränderungen erkennen und so einschätzen, ob eine Spur frisch oder älter ist.

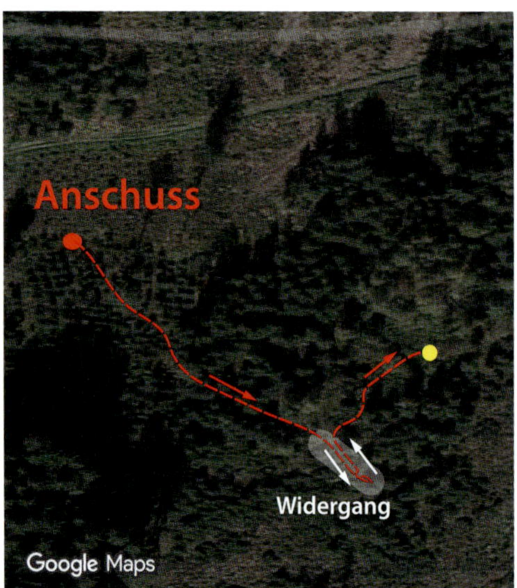

Als Gespannführer müssen Sie sich bewusst sein,

- dass Widergänge immer wieder in der Nachsuchenpraxis vorkommen können und
- dass Sie dieses „Hindernis“ in Ihr Trainingsprogramm aufnehmen, also mit Ihrem Hund simulieren müssen.

Stellen Sie sich vor, Sie werden als Gespann zu einer Nachsuche gerufen. Der Hund arbeitet die Fährte exakt aus, verweist auch und plötzlich dreht er um und sucht in die entgegengesetzte Richtung. Sie ziehen Ihren Hund von der Fährte ab, weil Sie dem Hund nicht vertrauen. Deshalb ist es wichtig, solche Situationen zu vermeiden, indem Widergänge auf der künstlichen Fährte simuliert werden.

Widergang-Training

Sie legen eine getretene Übungsfährte in einem übersichtlichen Gelände an (siehe S. 155, obere Abbildung). Den ersten Fährtenbereich bis zur Umkehr sollten Sie mit ca. 100–150 Schritten bemessen. Danach machen Sie einen getretenen Bogen und gehen neben der ersten Fährte in einem Abstand von ca. einem halben Meter ca. 15 Schritte retour, um dann mit einem Bogen den zweiten Fährtenbereich mit ca. 100 Schritten bis zum Ende zu treten.

WICHTIG! Markierungen setzen

Falls der Hund den Widergang nicht erkennt und in der bisherigen Fluchtrichtung weitersucht und Sie beim Widergang-Bogen keine Markierung gesetzt haben, müssen Sie zum letzten markierten VWP oder vielleicht gänzlich zum Anschuss retour.

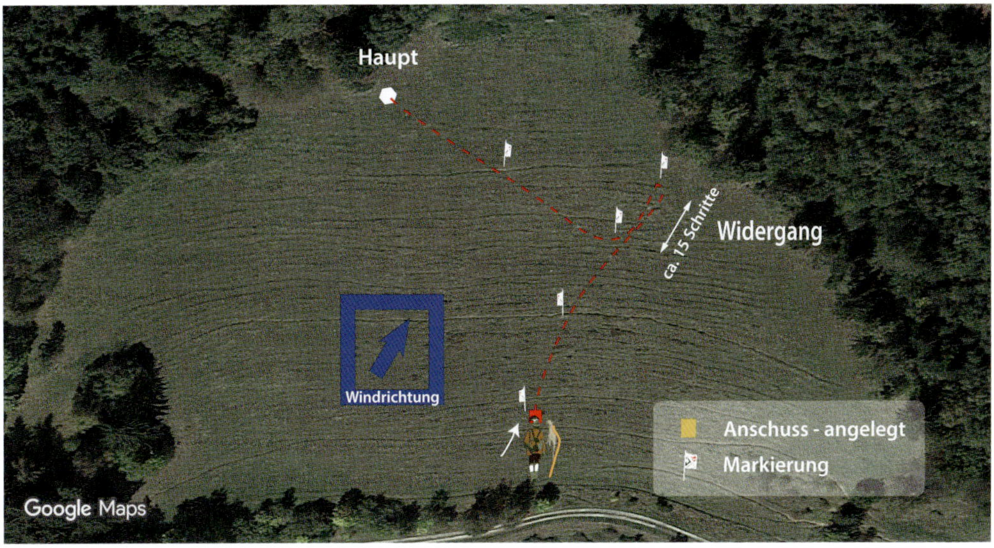

Bilder © 2026 Airbus,Bilder © 2026 Airbus,Maxar Technologies, Kartendaten © 2026

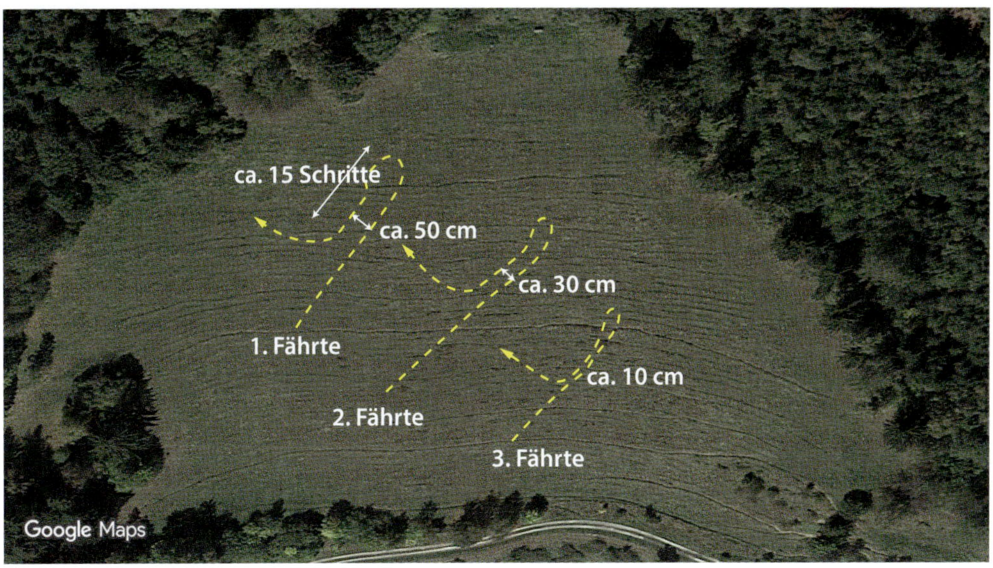

Bilder © 2026 Airbus,Bilder © 2026 Airbus,Maxar Technologies, Kartendaten © 2026

Varianten für das Widergang-Training

Mit der in der Abbildung oben dargestellten Anordnung wird diese schwierige Nachsuchensituation in der Ausbildung gut trainierbar.

Wie immer beginnen Sie mit der einfachen Ausgestaltung. Hat der Hund den Widergang mit einem Abstand von 50 cm erfolgreich ausgearbeitet, können Sie den Schwierigkeitsgrad erhöhen, indem Sie:

- die Länge des Widerganges erhöhen, z. B. auf 20–30 Schritte,
- den Widergang direkt auf der Fährte machen,
- den Abgang des Widerganges über die Fährte legen,
- die Stehzeiten der getretenen Fährte erhöhen. Starten Sie mit ca. 2 Stunden Stehzeit. Im Fährtentraining können Sie Widergänge auch auf längeren Fährten einsetzen.

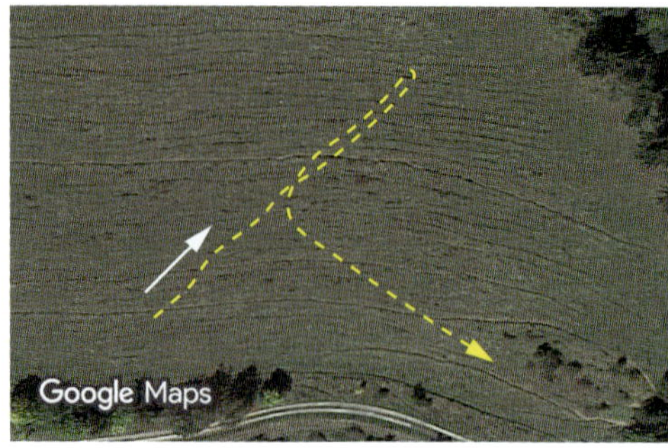

WILLE UND AUSDAUER

Der Hund hat über die notwendige Ausdauer und über einen ausgeprägten Suchenwillen zu verfügen. Diese Eigenschaften werden durch die Belohnung mit Futter am Ende der Trainingsfährten und ausgiebigem Lob verstärkt (siehe z. B. S. 32, 100, 108). Derart angespornt wird er freudig und positiv die Fährten ausarbeiten.

Durch die verschiedenen Übungen hat Ihr Hund zu verknüpfen gelernt, was in den jeweiligen Aufgabenstellungen von ihm erwartet wird. Zusätzlich wurde eine gemeinsame Kommunikation aufgebaut, die es ihm ermöglicht, die Arbeiten erfolgreich abzuschließen. Diese Interaktion mit Ihrem Hund besteht aus Kommandos, Ihrem Verhalten und der Ritualisierung von Abläufen (siehe z. B. S. 50, 63ff., 71ff.).

Während der Arbeit des Hundes sendet er Ihnen fortlaufend Verhaltensinformationen, die Sie zu deuten und interpretieren gelernt haben. Der Hund sendet und Sie als Empfänger empfangen (siehe z. B. S. 106, 109, 141). Dieses Prinzip funktioniert nur dann, wenn Sender und Empfänger auf gleicher „Frequenz“ kommunizieren.

In den verschiedenen bewusst herbeigeführten „Ablenkungen“ (siehe z. B. S. 57, 111ff.) haben Sie darüber hinaus das Verhalten Ihres Hundes in diesen „Konfliktsituationen“ kennen und deuten gelernt.

Gute & schlechte Tage sowie Schwierigkeiten

Nicht jeder Tag gleicht dem vorhergehenden. Schwankungen in der Trainingsleistung und unterschiedliche Auffassungen können vorhanden sein. Alleine schon die Kenntnis, dass es diese Schwankungen geben kann, sollte genug Grund für Sie sein und Ihnen Gelassenheit geben, motiviert wie auch motivierend an die Ausbildung heranzugehen.

Immer wieder hört man das Argument, dass der Hund, wenn er einmal eine natürliche Fährte gearbeitet hat, eine künstlichen Fährte nicht mehr konsequent und ausdauernd arbeitet.

„Der Hund arbeitet nur auf der natürlichen Fährte“

Argumentiert wird so, dass der Hund die beiden Fährten unterscheiden kann. Somit entscheidet der Hund, dass die künstliche

Fährte nur ein Training darstellt, mit der Konsequenz, diese nicht mit aller notwendigen Konzentration auszuarbeiten.

Auf den ersten Blick scheint das eine möglicherweise logische Schlussfolgerung zu sein. Bei genauerer Betrachtung ist es aber eine falsche Interpretation. Die Fährtenarbeit ist sozusagen ebenso wie das Erlernen und Festigen der Kommandos ein „Grundgehorsamfach". Der Hund muss finden wollen und die schon beschriebene Ausdauer aufweisen, um zum Erfolg zu gelangen. In allen Fällen ist der Erfolg das Finden. Dieser wird durch Motivationsreize, bei den L-U-S-Fährten durch die Futterstücke (z. B. Frankfurterscheiben) und das Lob am Ende der Fährte (inkl. Futter), verstärkt. Auch bei den künstlichen Trainingsfährten erfolgen Motivation, Lob und Futter als Verstärker (aber erst am Ende der Fährte).

Arbeitet man einen Hund auf Trainingsfährten nur mit Schweiß und Trittsiegel ein, so kann dieser Motivationsanreiz verloren gehen. Das bedeutet, der Hund verliert die Motivation.

Bei der Arbeit auf der natürlichen Fährte, die mit Erfolg ausgearbeitet wird, ist am Ende ein erlegtes Wild zu finden. Das ist ein hoher Motivationsanreiz. Zudem muss angemerkt werden, dass die meisten Krankfährten in einem Längenbereich von 100 bis 300 Schritten liegen.

Würde man streng dem soeben angeführten Erläuterungen folgen, dürften bis zur endgültigen Ausbildung des Hundes keine Krankfährten gearbeitet werden, um die Ausbildung nicht zu beeinträchtigen. Das würde aber auch bedeuten, dass man mit dem Hund wahrscheinlich nur 2–3 Trainingsfährten arbeiten könnte, bevor er die Freude verliert.

Unterschiede zwischen künstliche und natürliche Fährte:

- Bei Trainingsfährten sind auch Abschilferungen des Fährtenlegers zu finden.
- Die verwendeten Schalen hinterlassen keine Stressduftbotenstoffe bzw. Drüsensekrete am Boden.
- Der angelegte Anschuss entspricht nicht einem natürlichen Anschuss.

Alle Faktoren sprechen für das Argument, dass der Hund die künstliche Fährte erkennen kann. Aber Ihr Hund muss so konditioniert sein, dass er der im Training gestellten Aufgabe, zum Ende der Trainingsfährte zu kommen, gerecht wird. Nur so können Sie den Hund in all seinen Facetten in seiner Arbeit kennen- und deuten lernen.

Stellen Sie sich vor, dass der Hund nur erlegtes Bringwild apportiert, die Gummiente aber nicht aus dem Teich apportiert. Was würden Sie dazu sagen?

Ja, richtig: Es mangelt am Grundgehorsam und daran, dass der Hund zum Aufnehmen (Apportieren) des Wildes und zum Bringen motiviert wurde. Er bringt aus Motivation, weil er sich seine Belohnung sichern will.

Die Erkenntnis ist, dass der Hund auch auf Trainingsfährten Erfolg bzw. ein interessantes und spannendes Erlebnis haben muss. Daraus entsteht wiederum die Motivation, auch Trainings- oder Prüfungsfährten zu arbeiten.

ERFOLGREICHE MOTIVATION

In meiner Tätigkeit als Leistungsrichter bei einer Schweißsonderprüfung ohne Richterbegleitung teilte mir ein Prüfungsteilnehmer bereits vor dem Ansetzen des Hundes genau dieses Argument mit:

„Mein Hund hat schon Krankfährten gearbeitet und jetzt beendet er auf Trainingsfährten nach ca. 300 Schritten die Nachsuchenarbeit. Schauen wir einmal, was er heute macht."

Die Ausgestaltung der Prüfungsfährte war folgendermaßen: Getretene Fährte (Gesamtlänge 1200 Schritte) mit 3 angelegten Wundbetten, mit 100 ml Schweiß, der am Anschuss und in den 3 Wundbetten aufgetropft wurde. Auf der Fährte wurden 5 Verweiserpunkte in Form von nummerierten Holzplättchen aufgelegt. Das Prüfungsgespann hatte 2 Stunden Zeit, um zum ausgelegten Haupt zu gelangen und musste mindestens 2 Verweiserpunkte gefunden haben.

Das Ergebnis der Prüfung: Zeitüberschreitung und nicht zum Stück gekommen.

Was war passiert? Der Hund folgte einer Verleitung und verlor danach das Interesse, die Prüfungsfährte erfolgreich zu arbeiten.

TIPP! interessant und spannend gestalten

Das Ende interessant und spannend gestalten. Das „Anrüden" ist eine Möglichkeit, eine künstliche Fährte für den Hund interessant zu gestalten (siehe nächsten Absatz).

Anrüden

Dabei wird am Ende der Fährte ein Haupt ausgelegt, das an einer Schnur befestigt ist. Die Schnur wird über einen ausreichend

starken Ast gezogen, der das Gewicht des Hauptes tragen kann. Eine Hilfsperson ist hinter einem Baum nicht sichtig positioniert. Gelangt der Hund an das Ende der Fährte zum Haupt, wird dieses von der Hilfsperson an der Schnur hochgezogen.

Damit wird der Hund angerüdet, indem ihm ein spannendes, erfolgreiches Ende der Trainingsfährte geboten wird. Ausreichendes Lob und die entsprechende Belohnung verstärken den Motivationsanreiz für den Hund.

Mit dieser Trainingsanordnung können Sie auch das **Totverbellen** trainieren. Durch das Hochziehen des Hauptes wird sich das Haupt bewegen. Das macht es noch interessanter und gleichzeitig können Sie Ihren Hund anspornen „**Laut**" (Bellen) zu geben.

Lerninhalt

- Fährtenende variieren
- Fährte interessant gestalten
- Motivationsanreize Ihres Hundes nutzen, das bedeutet für Sie, diese zu kennen und einzusetzen
- ausgiebiges Lob

Für die Motivationssteigerung arbeiten Sie am Anfang kurze Fährten (ca. 150–200 Schritte), danach steigern Sie die Fährtenlängen.

Totverbellen und Drosselbiss

Eine weitere Variation für Motivationsanreize ist, dass Sie am Ende einer getretenen Fährte ein **erlegtes Rehwild** auslegen. Die Fährte ist daher mit Rehwildschalen und Rehwildschweiß anzulegen.

Warum Rehwild? Ein erlegtes Rehwild ist leichter verfügbar und auch leichter zu transportieren.

Sie können das Rehwild ablegen oder auch im aufgebrochenen Zustand auf einer Stange aufstellen.

Die Ausführung

Ein aufgebrochenes Reh wird an einer Stange, die durch den offenen Bauchraum des Rehs geführt ist, mit Schnüren angebunden und an einem Baum befestigt. Dazu wird die Stange mit Seilen an einem Baum aufgehängt. Das Reh wird mit dem Wildkörper (siehe folgende Abbidlung) an den Baum gelehnt.

Gelangt der Hund an das Fährtenende, findet er das Reh vor. Zusätzlich könnte eine Hilfsperson, unter Zuhilfenahme einer Schnur, das Reh bewegen.

Auch hier können zwei weitere Verhaltensimpulse trainiert werden:
- Totverbellen
- Drosselbiss

Zum Totverbellen können Sie Ihren Hund, wie auf der vorigen Seite beschrieben, anspornen.

Den **Drosselbiss**, also das Training zum „Abtun" des Wildes, können Sie vorab schon konditionieren. Dabei nutzen Sie ein zusammengerolltes Handtuch, das Sie an den Enden halten. Sie führen das Handtuch in Richtung des Fanges Ihres Hundes. Danach geben Sie das Kommando **„Fass"**.

Der Hund sollte nach einigen Versuchen verknüpfen, dass er mit Kommando **„Fass"** das Handtuch in seinen Fang nimmt und sich daran verbeißt.

Sie können nun spielerisch versuchen, dem Hund das Handtuch aus dem Fang zu ziehen. Das wird ihn zusätzlich anspornen und der Hund wird versuchen, das Handtuch festzuhalten.

Gemäß der vorhin beschriebenen Trainingsanordnung fordern Sie Ihren Hund auf, den Träger des Wildes zu fassen. Wurde er vorab auf das Kommando **„Fass"** konditioniert, wird er den Träger in den Fang nehmen. Sie können ihn dabei auch beim ersten Mal unterstützen.

WICHTIG! Hund muss Kommandos befolgen

Achten Sie beim Konditionieren des Hundes auf das Kommando **„Fass"** darauf, dass Ihre Hände nicht in den Fang geraten. Außerdem ist es wichtig, dass das Training nur mit dem Kommando „Fass" beginnt und Ihr Hund diese Konditionierung auch mit dem Kommando **„Aus"** beendet. Damit behalten Sie die Entscheidungshoheit, wann Ihr Hund fassen soll.

Gewünscht wäre es, wenn der Hund den Träger mit einem gezielten und festen Biss in den Fang nimmt und daran auch reichlich rüttelt. Spornen Sie den Hund mit ausreichendem Lob dazu an.

Hat der Hund das Kommando ausgeführt und den Träger ausreichend lang im Fang gehabt, können Sie mit einem klaren Kommando **„Aus"** diese Situation beenden.

Das Bild auf der vorigen Seite (rechte Spalte) zeigt den Drosselbiss bei einer Nachsuche auf ein beschossenes Rotwildkalb mit anschließender Hatz. Eine ausreichende Wildschärfe ist bei diesen Nachsuchen eine Notwendigkeit.

Hatztraining mit Marder

Für das „Hatztraining" (siehe auch Trainingsvideo, abrufbar per QR-Code auf S. 165) können Sie auch Wild benutzen. Dafür eignet sich ein erlegter Marder, der an einer ca. 3–5 Meter langen Schnur befestigt wird. Sie stehen mit Ihrem Hund vor dem am Boden liegenden Marder. Der Hund wird von Ihnen an der Halsung gehalten.

Eine weitere Hilfsperson zieht den Marder zum Anrüden vor dem Hund hin und her. Danach läuft diese Person, den Marder an der Leine ziehend, von Ihnen und dem Hund weg und biegt in ein vom Hund nicht einsehbares Gelände ein. Die Hilfsperson sollte nach ca. 10–20 Schritten den Marder einfach liegen lassen und sich ausreichend weit abstellen.

Ist der Marder aus dem Sichtfeld des Hundes, geben Sie das Kommando **„Fass"**.

Der nun freigegebene Hund soll dem Marder mit hoher Geschwindigkeit folgen. Das Ziel des Trainings ist, dass der Hund den Marder aufnimmt und diesen abtun will. Zusätzlich können Sie den Hund mit dem Kommando **„Fass" anspornen.**

Lerninhalt

Durch die scheinbare Flucht des nachgezogenen Marders erhält der Hund den Motivationsanreiz, dem „flüchtigen" Marder zu folgen. Auch Sie folgen dem Hund, um sein Verhalten am Marder sehen zu können.

ZUSAMMENFASSUNG

Durch das intensive Training mit Ihrem Hund lernen Sie die vielen Facetten Ihres Hundes kennen. Sie werden erkennen können, welche Anreize Ihren Hund motivieren. Damit gelangen Sie in die Lage, diese Motivationsanreize in Ihr Training einfließen zu lassen. Zusätzlich haben Sie die Möglichkeit, Trainingsabläufe anzupassen.

Variationen im Training sind dann sinnvoll, wenn Sie dem Ziel dienen. Das Ziel in der Nachsuchenarbeit ist, zum beschossenen Wild zu gelangen. Dabei ist aber der Faktor Zufall auszuschließen.

Gerade bei Vorstehhunden, die auch mit hoher Nase Wild finden und apportieren sollen, ist eine „Freie Nachsuche" nicht anzuraten. Eine Nachsuche „Auf Roter Fährte" hat am Riemen zu erfolgen. Eine Nachsuche auf Schalenwild in Form einer freien Nachsuche ist daher nicht das Ziel.

Das folgende Zitat von Seneca, einem römischen Philosophen, beschreibt diese Situation:

„Wer den Hafen nicht kennt, in den er segeln will, für den ist kein Wind der richtige."

Es liegt an Ihnen, den Hafen und damit das Ziel zu definieren. Dadurch können Sie den Weg zum Ziel anpassen.

Analyse, Rückschlüsse & Checklisten

Eine kritische Auseinandersetzung mit den Trainingsergebnissen ist ein wesentlicher Gradmesser, um sich auf die Arbeit „Auf Roter Fährte" vorzubereiten. Rückschläge oder das kurzzeitige „Nichterreichen" der gewünschten Ergebnisse sind kein Grund aufzugeben. Im Gegenteil, sie bilden die Basis, um daraus zu lernen und sich weiterzuentwickeln.

WICHTIG! Ohne Fleiß kein Preis

Es ist noch kein Meister vom Himmel gefallen. Die Übung macht Sie sicher!

Bei den einzelnen Ausbildungsschritten sind am Ende der jeweiligen Kapitel Checklisten für die Dokumentation und Analyse des Trainings zu finden (S. 60, 78, 80, 81, 93f., 120f.).

Sind Sie in den einzelnen Arbeitsbereichen unter der Mindestpunktezahl, sollten Sie in diesen Bereichen an den angeführten Maßnahmen arbeiten.

Können Sie als Gespann jedoch die angeführten Bereiche eindeutig erfolgreich ausführen, ist das Gespann für den nächsten Schritt bereit.

ANHANG

DAS „HM-AUSBILDUNGS-SYSTEM"©

Das „HM (= Hundemacher)-Ausbildungssystem" ist ein systemischer Leitfaden, um den Hund gezielt Schritt für Schritt auszubilden. Entwickelt habe ich das System „vom Praktiker für die Praxis". Es ist eine Bedienungsanleitung für die Hundeausbildung, mit der man die Gespannausbildung selbst vornehmen kann.

Das HM-Ausbildungssystem eröffnet Ihnen auch die Möglichkeit, gemäß der Entwicklung Ihres Hundes während der Ausbildung Anpassungen vorzunehmen.

Ergänzend haben Sie auch die Möglichkeit, meine Seminare zu besuchen.

Auf www.online-jagdhundeschule.com, meinem Ausbildungsportal, können Sie weitere Serviceangebote und weitere Informationen abrufen.

Mit den Anleitungen in diesem Buch ist die Basis für eine weiterführende Ausbildung oder Spezialisierung gelegt. Werden die beschriebenen Ausbildungsschritte gewissenhaft und konsequent trainiert, kann das Gespann als Team arbeiten.

Um für den praktischen Einsatz einsatzbereit zu sein, sind aber noch viele ergänzende Grundlagen notwendig, um zu einem Experten zu werden.

Beginnend mit der Anschussbeurteilung, dem Deuten der Trefferlage, dem Erkennen von Pirschzeichen bis zu den zusätzlich notwendigen Praxistipps auf der Krankfährte. Diese Themen werden im geplanten zweiten Band aufgegriffen. Sie können jedoch auf meiner Homepage weiterführende Literatur finden und ich darf Ihnen meine ergänzenden Spezialseminare empfehlen.

Ich wünsche Ihnen für Ihre Ausbildung gutes Gelingen.

Weidmannsheil und HoRüdHo Ihr

DER Hundemacher

RAT UND TAT

Sollte sich im Training herausstellen, dass Sie an einem Punkt angelangt sind, an dem Sie nicht mehr weiterwissen, habe ich folgende Angebote für Sie:

Persönliches Einzelcoaching

Selbstverständlich bieten wir auch Einzelcoachings an. Hier empfiehlt es sich, dass Sie vorab ein Video senden. Danach erfolgt die Terminabstimmung.

Online-Coaching

Auf meiner Website können Sie Ihr gefilmtes Training uploaden. Wir analysieren das Video und übermitteln Ihnen Empfehlungen zu Ihren Fragen.

Entdecken. Lernen. Erleben.

Ihre Ausbildung in einzigartigem Ambiente: Tauchen Sie ein in ein vielfältiges Ausbildungsprogramm für Jägerinnen und Jäger, Hundeführerinnen und Hundeführer. Ob

spannende Vorträge, praxisnahe Seminare oder intensive Workshops – hier erweitern Sie Ihr Wissen und Ihre Fähigkeiten.

Unsere Schulungsräume sind traditionell und gemütlich eingerichtet. Die technische Ausstattung ist auf modernstem Standard.

Ob spannende Vorträge, praxisnahe Seminare oder intensive Workshops – hier erweitern Sie Ihr Wissen und Ihre Fähigkeiten. Unsere Schulungen finden in der beeindruckenden Kulisse von Schloss Liechtenstein in Judenburg statt.

Das im Jahr 1650 erbaute Schloss und sein 20.000 m^2 großer Park bieten den perfekten Rahmen für ein inspirierendes Lernerlebnis.

Profitieren Sie von der Expertise unserer renommierten Fachreferenten, die ihr Wissen praxisnah und verständlich vermitteln. Nutzen Sie diese Chance zur Weiterbildung in außergewöhnlicher Atmosphäre. Ich freue mich darauf, Sie in unseren Kursen begrüßen zu dürfen!

Schulungsvideos für verschiedene Bereiche

- Grundgehorsam
- Anschusstraining
- L-U-S-Fährten mit Anlegen, Training und Analyse
- Hasenschleppe mit Anlegen und Training

sind verfügbar und mit QR-Code abrufbar:

Gratisvideos zum Buch

mit folgenden Inhalten:

- Prägung auf den Anschuss
- Die L-Fährte
- Nachsuche: Künstliche Fährte getreten

Schulungsvideos zum Buch um € 24

mit folgenden Inhalten:

- Prägung: Jagdhunde
- Prägung auf Anschuss
- Anlegen einer Schleppe
- Grundgehorsam: Training
- Grundgehorsam: Training mit Ablenkung
- Seminarvideo: Einarbeitung in die Nachsuchenarbeit
- Die L-Fährte
- Die U-Fährte
- Die S-Fährte
- Nachsuchenseminar: Künstliche Fährte – 500 Schritte
- Die Hatz: Einarbeitung

DER AUTOR

Bernhard Hammer kam schon in jungen Jahren durch seinen Vater mit der Jagd in Berührung. Er leitet die Ausbildungsstätte für Jagdgebrauchshunde in Judenburg und ist Leiter der Jagdhundestaffel Judenburg. Zusätzlich ist er als Fachautor in Jagdzeitschriften tätig und gibt sein Wissen in Seminaren weiter.

Er führt eine Magyar Vizsla-Kurzhaarhündin. Als Züchter, Leistungsrichter und Ausbilder von Jagdgebrauchshunden kennt er die Anforderungen an Hundegespanne. Dies begründet seine Motivation, einen Vorstehhund in der Nachsuchenarbeit zu Höchstleistungen zu führen. Entsprechende Prüfungserfolge zeigen die Wirksamkeit des Ausbildungssystems:

HINWEIS: Die Erfolge seines Hundes

- **Vollgebrauchsprüfung Vorstehhunde:** Prüfungssieger der Vollgebrauchsprüfung.
- **SPFSOR – mit Fährtenschuh ohne Richterbegleitung:** 4 von 5 Verweiserpunkten in 35 Minuten, 100 ml Schweiß, mit 1400 Schritten und Vorstehen auf eine Rehgeiß inklusive.
- **SPFS – mit Fährtenschuh und Richterbegleitung:** Keine Abrufe, mit 1300 Schritten in 16 Minuten, 100 ml Schweiß und Höchstpunktezahl.
- **Schweißprüfung bei Vollgebrauchsprüfung:** Keine Abrufe, mit 500 Schritten in 6 Minuten.

Die hier vorgestellten Methoden sind nicht nur Theorie, sondern in der Praxis erprobt – sowohl bei Prüfungen als auch im echten Jagdbetrieb auf vielen Krankfährten bis hin zur Hatz. Die Erfahrungen des Autors zeigen deutlich: Mit einer strukturierten und zielgerichteten Einarbeitung nach diesem Trainingssystem kann jede Jagdgebrauchshunderasse erfolgreich in die Nachsuchenarbeit integriert werden. Der Schlüssel liegt in konsequentem Aufbau. Wer diesen Weg geht, wird nicht nur Prüfungen bestehen, sondern vor allem im Revier zuverlässig arbeiten – und damit einen wertvollen Beitrag zur Weidgerechtigkeit leisten.

Aus unserem Programm

ISBN 978-3-7020-2257-0

ISBN 978-3-7020-2255-6

ISBN 978-3-7020-1814-6

ISBN 978-3-7020-1888-7

Leopold Stocker Verlag

Graz – Stuttgart

www.stocker-verlag.com

Aus unserem Programm

ISBN 978-3-7020-1464-3

ISBN 978-3-7020-1748-4

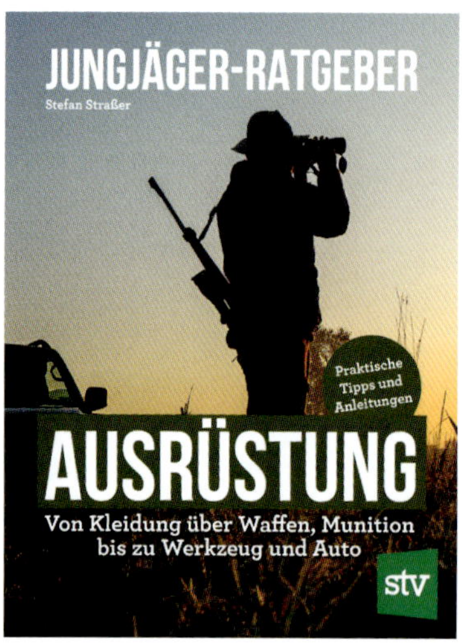

ISBN 978-3-7020-2295-2

ISBN 978-3-7020-2296-9

Leopold Stocker Verlag

Graz – Stuttgart

www.stocker-verlag.com